向職業繪師學 Procreate

從基礎到進階的 iPad 電繪插畫課

Necojita 功能解說
鷹氏シミ 封面插畫&製作示範
謝薾鎂 翻譯

感謝您購買旗標書,
記得到旗標網站
www.flag.com.tw
更多的加值內容等著您…

● FB 官方粉絲專頁:旗標知識講堂

● 旗標「線上購買」專區:您不用出門就可選購旗標書!

● 如您對本書內容有不明瞭或建議改進之處,請連上旗標網站,點選首頁的 聯絡我們 專區。

若需線上即時詢問問題,可點選旗標官方粉絲專頁留言詢問,小編客服隨時待命,盡速回覆。

若是寄信聯絡旗標客服 email, 我們收到您的訊息後,將由專業客服人員為您解答。

我們所提供的售後服務範圍僅限於書籍本身或內容表達不清楚的地方,至於軟硬體的問題,請直接連絡廠商。

學生團體　訂購專線:(02)2396-3257 轉 362
　　　　　傳真專線:(02)2321-2545

經銷商　服務專線:(02)2396-3257 轉 331
　　　　將派專人拜訪
　　　　傳真專線:(02)2321-2545

國家圖書館出版品預行編目資料

向職業繪師學 Procreate! 從基礎到進階的 iPad 電繪插畫課 /Necojita, 鷹氏シミ作 ; 謝薾鎂譯 .
-- 臺北市 : 旗標科技股份有限公司 , 2023.11
面 ;　公分

ISBN 978-986-312-773-4 (平裝)

1.CST: 電腦繪圖 2.CST: 繪畫技法
312.86　　112018271

作　　者/Necojita・鷹氏シミ
譯　　者/謝薾鎂
翻譯著作人/旗標科技股份有限公司
發行所 / 旗標科技股份有限公司
　　　　台北市杭州南路一段15-1號19樓
電　　話/(02)2396-3257(代表號)
傳　　真/(02)2321-2545
劃撥帳號/1332727-9
帳　　戶/旗標科技股份有限公司
監　　督/陳彥發
執行企劃/蘇曉琪
執行編輯/蘇曉琪
美術編輯/陳慧如
封面設計/陳慧如
校　　對/蘇曉琪

新台幣售價:580 元
西元 2024 年 4 月 初版 2 刷
行政院新聞局核准登記 - 局版台業字第 4512 號
ISBN 978-986-312-773-4

序

本書是為了那些想要使用 Procreate，想要用 iPad 創作電繪作品的初學者們而編寫的入門書。Procreate 是一套廣受喜愛的 iPad 插畫應用程式（App），愛用者遍及一般使用者和專業的插畫家與漫畫家。本書將提供 Procreate 的基本操作教學和插畫技巧，幫助讀者徹底掌握。

如果你是初學者，建議從第一章開始，逐步學習各種功能的操作，包括筆刷和繪畫工具等。在有標示「LESSON」的單元，你可以搭配本書附錄提供的範例檔案練習（附錄檔案的下載方式請參考 P.007），在練習的過程中，你將會越來越熟悉這套軟體的操作方式。了解所有的基本功能後，本書的第 10 章將會介紹封面插畫的製作過程，讓你體驗一幅插畫從零開始到完稿的所有步驟。你也可以搭配附錄中的插畫過程影片來參考創作過程。

Procreate 其實並不是非常難以掌握的軟體，相信你一定能夠熟練運用。如果這本書在你的創作過程中能幫上一點忙，將是我們的榮幸。

ねこじた
Necojita

功能解說（第 1～9 章、第 11 章）

面對空白畫布時，有的人可能會覺得壓力很大，遲遲不敢下筆，即使是藝術家也偶爾會有這種狀況。不過，我覺得 Procreate 的畫布好像有一種神秘的力量，能激發「先試著畫點什麼看看吧！」的情緒（即使我已經使用了 10 年，為何會有這種感覺仍然是個謎）。

我希望大家能從這本書中學到各種方便的操作技巧和新功能，可以更輕鬆、更自由地在畫布上揮灑。此外，我也幫大家準備了一套好用的自製筆刷（下載方式請參考 P.007），請務必試用看看。

たかうじ
鷹氏シミ

封面插畫 & 製作示範（第 10 章）

Procreate 是一套適合所有人的繪圖軟體，無論是剛開始用 iPad 繪畫的初學者，或是已經在從事繪畫創作的繪師，都很適合使用。它不僅在售價方面 CP 值高，更重要的是它與 iPad 的相容性極佳，可以很自然地直接在螢幕上畫數位插畫，感覺就像畫在紙上一樣自然。

我個人使用 Procreate 的感覺是，它有非常多獨特的工具和筆刷，能模擬各種畫材筆觸，甚至能畫出逼真的油畫混色效果，這讓我得到許多靈感，畫畫時的手感也很棒。此外，Procreate 的筆刷還可以自訂，這套軟體的可能性和擴充性都令我非常驚艷，有了它我就能盡情地表現出自己喜歡的風格。

透過這本書，希望你也能和我一同享受用 Procreate 畫畫帶來的樂趣。

目次 Contents

Chapter 1
開始使用 Procreate

Chapter 2
操作介面

Chapter 3
作品集與保存作品

Chapter 4
筆刷與繪圖工具的用法

Chapter 5
顏色面板與填色工具

Chapter 6
圖層與混合模式

Chapter 7
選取工具與變形工具

Chapter 8
調整工具

Chapter 9

繪圖輔助的使用方法

Chapter 10

封面插畫製作流程

Chapter 11

特殊功能與推薦的配件

下載附錄檔案 Download perks

附錄檔案說明

用瀏覽器連結下方的網址，或是拍攝右下方的 QR 碼，即可下載本書的附錄檔案（檔名：F3597.zip）。附錄檔案是個壓縮的資料夾，請將該資料夾解壓縮後即可使用。該資料夾包含本書的範例檔案、作者原創筆刷、封面插畫的製作過程影片以及封面插畫的分層原始檔，可搭配本書使用。你可以運用範例檔案搭配本書練習、觀摩製作過程的影片，使用作者提供的筆刷練習畫畫看，以各種自己喜歡的方式來學習。

附錄檔案下載網址 ➡ https://www.flag.com.tw/DL.asp?F3597

附錄檔案內容（包含以下 4 個資料夾）

- 練習用檔案：可搭配本書各章練習的 10 個範例檔案
- 原創筆刷：20 種可立即使用的原創筆刷
- 封面插畫製作過程影片：本書封面插畫的製作過程縮時影片
- 封面插畫原始檔：本書封面插畫的原始檔（.procreate 格式），分為「人物」和「封面」2 個檔案，後者為封面完稿

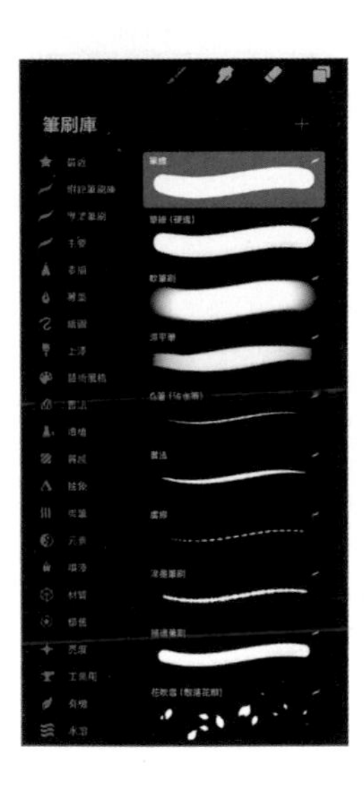

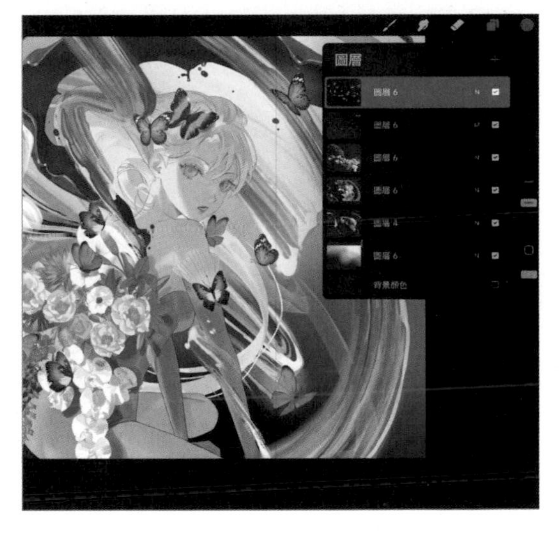

【注意事項】

■本書附錄檔案僅供購買本書的讀者使用。
■各附錄檔案的版權屬於檔案作者所有。
■禁止將附錄檔案複製、銷售、轉載，禁止任何帶有商業目的之使用方式。
■禁止將附錄檔案的下載 URL 提供給他人。
■如果附錄檔案需要更新，出版方可能會在不提前通知的情況下直接更新。
■若因不當使用附錄檔案造成任何損失，本書作者與出版社、軟體銷售商概不負任何責任。

原創筆刷的使用方法

本書作者特別為 Procreate 初學者準備了一套好用的原創筆刷。請先參考 P.007 的說明下載附錄檔案「F3597.zip」，建議儲存到 iPad 的「檔案」App 中。接著請在「檔案」中長按該壓縮檔，執行「解壓縮」命令將資料夾解壓縮。
解壓縮後，請進入「F3597 / 2_原創筆刷」資料夾，找到「custombrush.brushset」這個筆刷檔案。點按檔案圖示，就會自動匯入到 Procreate 中。接著開啟 Procreate 的筆刷庫，即可在筆刷組合清單看到「附錄筆刷庫」這套筆刷。

① 點按檔案圖示即可匯入

②「附錄筆刷庫」已匯入 Procreate 的「筆刷庫」

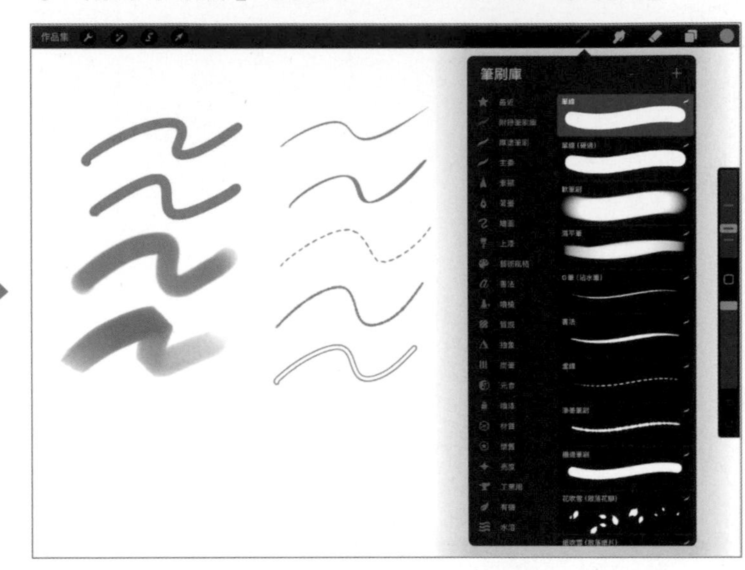

附錄筆刷一覽表

- 單線
- 單線（硬邊）
- 軟筆刷
- 濕平筆
- G筆（沾水筆）
- 書法
- 虛線
- 滲墨筆刷
- 描邊筆刷
- 花吹雪（散落花瓣）
- 紙吹雪（散落紙片）
- 鍊條
- 半色調網點 1
- 半色調網點 2
- 半色調網點 3
- 半色調網點 4
- 半色調網點 5
- 斜條紋
- 黑白格
- 手繪點點

提供：Necojita

Chapter

1

開始使用 Procreate

文・Necojita

下載與確認事項

如果你從未使用過Procreate，在本書的開端，就為你介紹一些使用上的重點，包括iPad機型的挑選方法，以及在你購買之前應該要先確認的功能。

下載Procreate

Procreate 是一套專為 iPad 打造的繪圖軟體。上架多年來不斷更新，新增了許多快速舒適的繪圖功能，可支援 iPad 的最新功能，但即使是用 2～3 年前的機型也能輕鬆操作。有些擬真畫材例如鉛筆或水彩類筆刷，在其他軟體中容易有操作延遲問題，但在 Procreate 中都可以順暢地作畫，不必擔心環境差異。要下載軟體時，請在 App Store 中搜尋關鍵字「Procreate」，或是拍攝下方的 QR 碼，即可前往購買。

在 App Store
下載

價格：390 元
(2023 年 11 月時)

購買前是否能試用軟體？

Procreate 目前沒有提供試用版。如果你還在猶豫是否要購買，或是想實際畫畫看，建議前往有提供展售 iPad 的實體賣場，在展示機上試用。另外要注意，Procreate 目前僅提供 iOS 系統的版本，網路上有時會出現標榜 Windows 版或 Android 系統適用的檔案，來源大多是惡意的釣魚網站（他們所提供的檔案當然也無法使用），請注意不要受騙。

務必確認！會因為使用的iPad機型而改變的3種功能

Procreate 的基本繪圖功能可支援所有的 iPad 機型，不過其中仍有少數功能無法使用或是有差異。購買之前建議先檢查以下幾個項目（以下是 2023 年 11 月時的內容。可能會隨之後的版本更新而變更）。

① 顏色工具的「歷史記錄」

在「顏色」面板中，最近有用過的顏色，會顯示在「歷史記錄」區，方便點選前面用過的顏色。這個功能相當好用，但是在較小的 iPad 上無法顯示。具體來說，此功能僅支援螢幕尺寸 10.2 吋以上的 iPad 機型，而且不支援 iPad mini。

● 顏色的歷史記錄

② 3D 繪圖的支援

在最近的 iPad 機型中，iPad Air 2 和 iPad mini 4 因為晶片不相容，將會無法支援 3D 繪圖功能。此外，根據處理的 3D 模型大小，也可能會出現讀取卡頓的問題。因此若需使用 3D 繪圖等進階的功能，購買時建議選擇 iPad Pro 之類較高階的機型（3D 繪圖相關解說請參照第 11 章）。

③ 臉部彩繪功能

「臉部彩繪（Face Paint）」功能可以將使用者的臉投射到 Procreate 中作畫，可以開啟「 參照」面板來使用。此功能有趣又獨特，小朋友也非常喜歡。不過，使用條件是 IPad 的相機必須能夠支援此功能，目前只有以下機型可以使用。

- iPad Pro 12.9 吋 2018 以後的機型
- iPad Pro 11 吋 2018 以後的機型
- iPad Air 3、4、5（僅限最新版本的 iPadOS）
- iPad mini 5、6（僅限最新版本的 iPadOS）
- iPad 第 8、9 代（僅限最新版本的 iPadOS）

● 臉部彩繪（Face Paint）

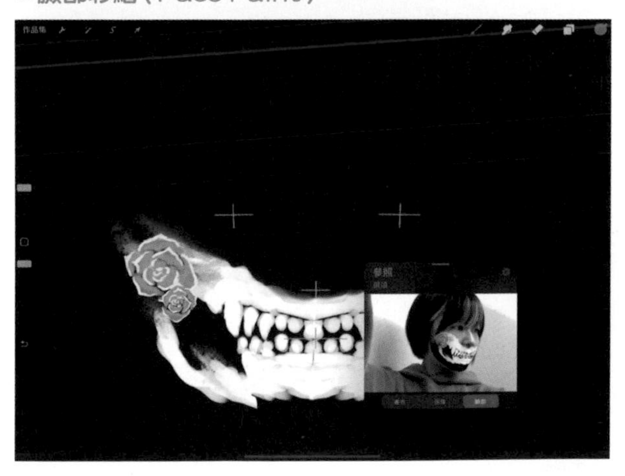

● 各種iPad機型可用的最大圖層數差異

下圖是 iPad 各機型的記憶體大小，以及製作 A4 尺寸 350dpi 的彩色插畫時，可用的最大圖層數差異。如果你已經很熟悉數位插畫，而且知道想要製作的插畫尺寸，在購買 iPad 的時候，建議把可用的圖層數量也一併納入考量。

iPad（第9代）	iPad Air（第5代）	iPad Pro 2020	M1 iPad Pro
3GB	8GB	6GB	8GB/16GB
30層	84層	52層	84層/154層

上圖是安裝 iPadOS 15 的 iPad，使用 Procreate 版本 5.2 的數值

是否能用最大圖層數流暢地作畫？

最大圖層數的數值終究只是個臨界值。一旦接近極限，軟體的運作就容易變遲鈍，所以可流暢作畫的範圍其實會低於最大圖層數。此外，iPad 的記憶體和容量如果變少，運作也會變得不穩定，所以當你覺得「操作起來怪怪的」，不妨先去檢查一下 iPad 的容量。以筆者為例，描繪圖層較多的作品時，一張作品的檔案大小通常是 50～100MB。

Procreate可以做到的事

Procreate雖然是開發為繪圖工具（Paint Tool），其實它也可以當作圖片處理工具（Graphic Tool）來使用。讓我們使用本書所學到的功能來享受各種用途吧！

用Procreate拓展創作的廣度

數位繪畫

Procreate 可以模擬鉛筆或是水彩等熟悉的畫材。任何人只要先選好筆刷，馬上就能開始作畫。習慣之後，還能試著運用圖層或濾鏡等便利的工具來製作插畫。

英文書法

在筆刷組中也備有幾種適合寫英文書法的筆刷。你可以利用「穩定化」功能來繪製優美的文字。想要快速記下創意靈感時，不妨試著活用「素描」或「著墨」類別中的鉛筆或鋼筆筆刷。你還可以載入 PDF 並為其加上註解(可參考 P.158)。

POINT » Procreate也很適合手繪文字

Procreate 的繪圖操作快速且直覺，所以越來越多人用來替照片加入手繪文字，或是繪製創意草圖。

圖像的編輯與潤飾

你也可以在 Procreate 中插入照片，調整其色相或裁切畫面。也可以利用「克隆工具」或「液化」等好用的工具來修圖。

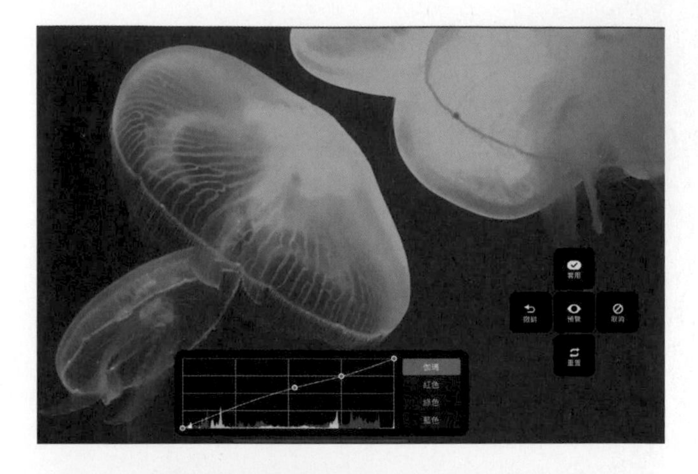

3D 繪圖

新版的 Procreate 還能支援 3D 繪圖（請參考 P.011），可以在含有 UV 貼圖的 3D 模型上自由作畫。此功能可以用 Procreate 中各種擬真的筆刷作畫，和 3D 模型結合後，可以表現出充滿真實感的筆觸。

設計、製作 Banner

你也可以試著添加文字、組合圖形來製作 Banner。Procreate 中的穩定化功能可以讓手繪線條變得流暢，你有任何創意想法都能立刻添加到設計中。

製作動畫

你可以使用 Procreate 的動畫輔助功能製作動畫。當你在製作要做成動畫的素材時，也可以輸出為透明背景（可參考 P.156）。

Chapter

2

操作介面

文・Necojita

Procreate 的操作介面

Procreate的操作介面相當簡潔，只要你先記住面板配置，之後就可以操作自如。首先就來確認已經開啟畫布的畫面。

確認畫圖用的工具配置

在已開啟畫布的編輯畫面中，上方會顯示一排工具列。工具列左側是設定或編輯用的 4 個工具，以及「作品集」按鈕。按下「作品集」按鈕即可返回「作品集」，同時也會保存作品。工具列右側則是繪圖用的 5 個工具，這些繪圖工具是最常用的。

上方工具列的圖示說明

圖示	名稱	說明
作品集	作品集	按下這個鈕，會儲存畫布並返回「作品集」畫面。
	操作工具	調整軟體的偏好設定、插入照片、變更畫布尺寸等。
	調整工具	可用來調整色相，套用濾鏡或是替圖像加工等。
	選取工具	可選取畫布中的任意範圍。主要是用來搭配變形工具一起使用。
	變形工具	可以將目前選取的圖形移動或變形。
	繪畫工具	按下此工具可選取筆刷，然後使用該筆刷作畫。
	塗抹工具	按下此工具可比照用手指塗抹的方式，在畫作上塗抹渲染。亦可選取不同的筆刷來塗抹。
	擦除工具	按下此工具可比照用橡皮擦擦拭的方式，修正或擦除畫作。亦可選取不同的筆刷來擦除。
	圖層工具	按下此工具可開啟「圖層」面板來選取要畫的圖層。按「圖層」面板的「＋」鈕可以新增圖層。
	顏色工具	按下此工具可開啟「顏色」面板來挑選使用的顏色。將顏色鈕拖曳到畫布上，即可用這個顏色填滿。

● 側邊工具列的功能

畫布左側預設會有一排側邊工具列（若是開啟「右側介面」功能，可以改到右側）。側邊工具列的功能是用來快速調整筆刷的尺寸和透明度。你可以將滑桿上下滑動，或是在滑桿上的任意處點按一下。如果把「修改鈕」往右（若是開啟「右側介面」則往左）拖曳出來並上下移動，即可調整側邊工具列的位置。

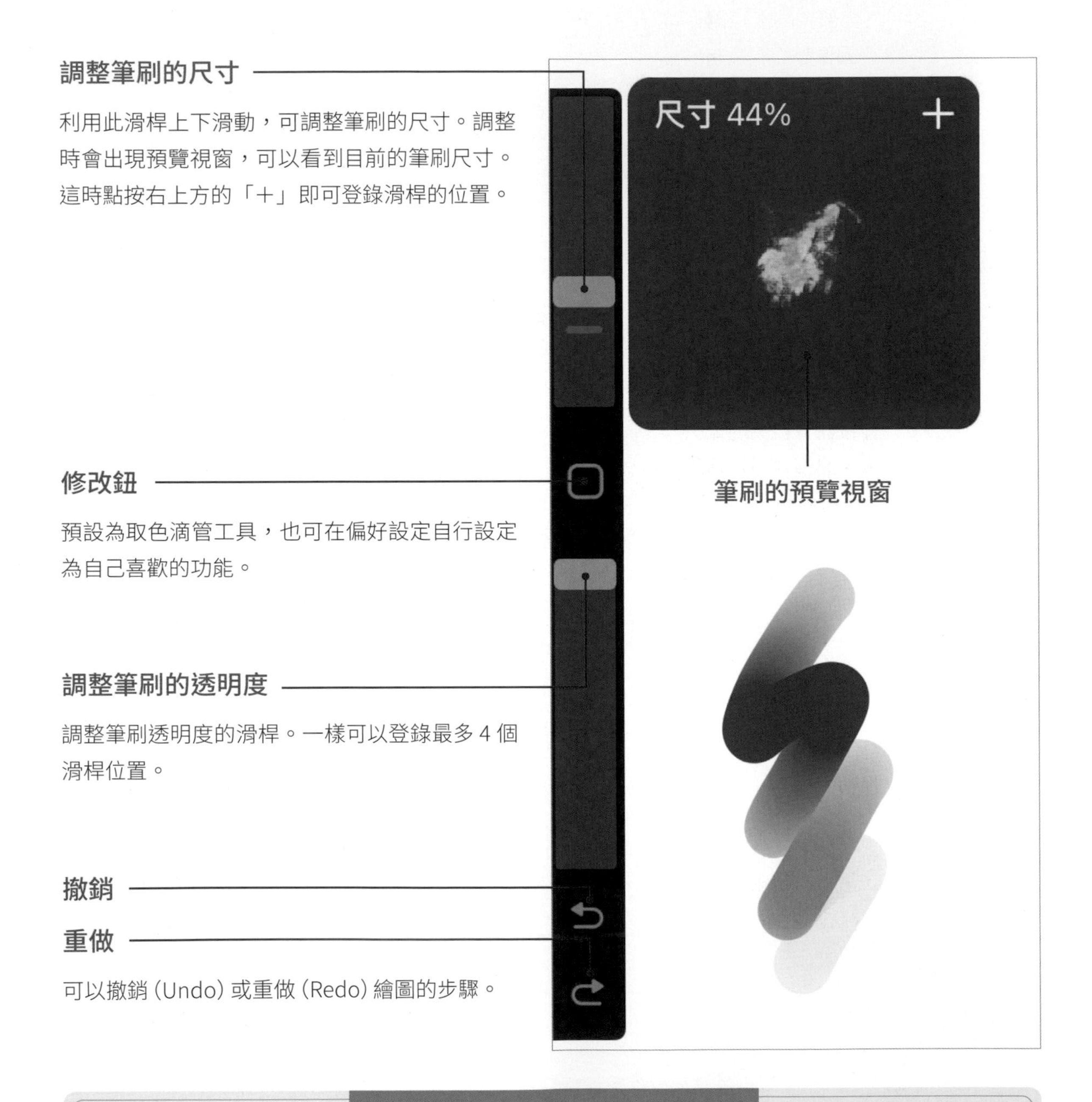

POINT » 筆刷尺寸和透明度的百分比

筆刷的尺寸或透明度，都是以百分比來表示。Procreate 的筆刷最大尺寸，每一種筆刷都不盡相同，所以即使都是設定 100%，也不會所有筆刷都一樣粗。你可以利用預覽視窗，先確認筆刷的大概尺寸之後再開始畫。

拷貝＆貼上

在畫布上以三指向下滑動，會顯示「拷貝＆貼上」選單。可以用來複製圖層內的圖像，或是從其他的軟體貼到作品中。「拷貝全部」功能可讓你直接將整張作品的圖像都複製起來，不需要先合併圖層。

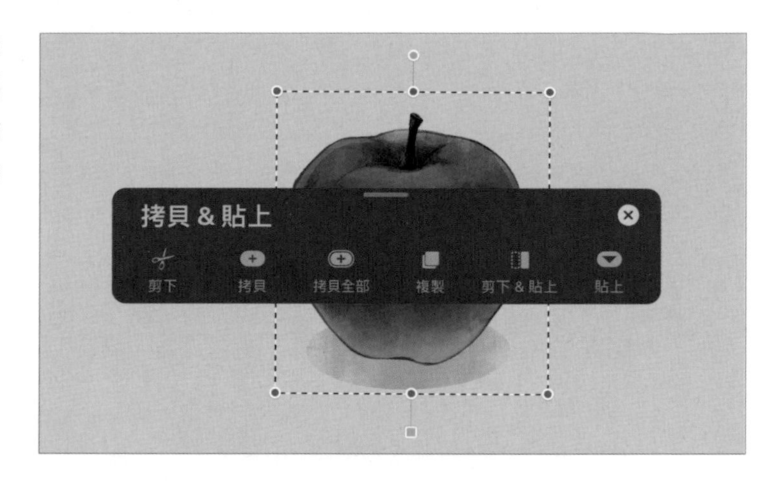

速選功能表

在畫面上顯示可立刻啟動特定功能的快捷按鈕。點選後按鈕會自動隱藏。要使用速選功能表，必須先在軟體的偏好設定中指定手勢控制（請參照P.021）。

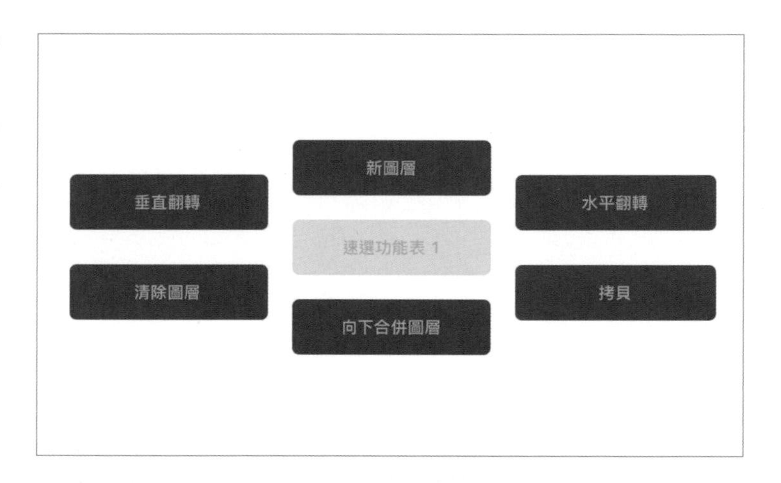

自訂按鈕

長按速選功能表的按鈕，可自行變更為愛用的功能。你可以將功能列表往上下捲動，挑選出符合需求的功能。此外，若點按中間的按鈕，則可增加或切換速選功能表。

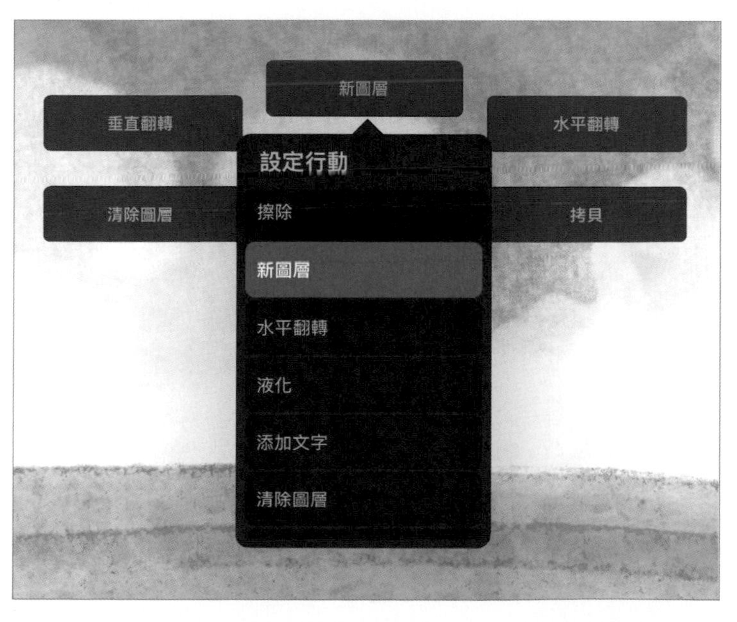

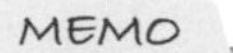
MEMO

作者特別推薦將「水平翻轉」或「添加文字」等常用的功能登錄在速選功能表。

軟體的偏好設定

打開「操作」選單切換到「偏好設定」，可自訂 Procreate 的介面外觀或操作感受。

亮色介面

可把介面的基本色從標準的暗色變成亮灰色。設定成亮色時，文字也會從白色切換成黑色。

右側介面

開啟後會把側邊工具列從左邊移動到右邊。

筆刷游標

開啟後會用細線表示筆刷的形狀輪廓。這樣就會更容易看出橡皮擦等工具的筆刷範圍。

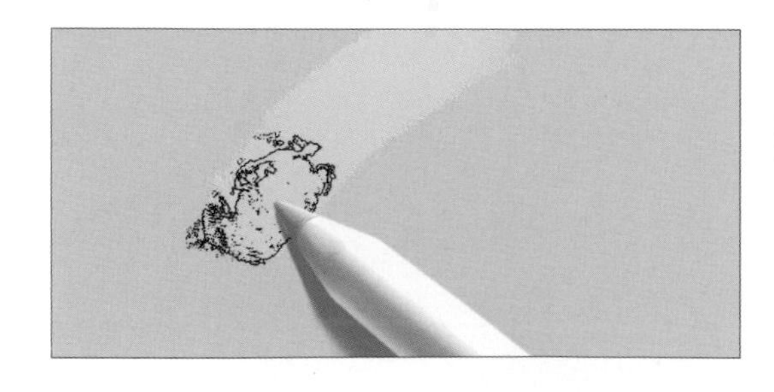

動態筆刷縮放

若關閉這個選項，即使放大或縮小畫布，筆刷的尺寸也不會改變。

投射畫布

若開啟這個選項，在你使用外接螢幕時，會將工具隱藏，固定顯示畫布。

手勢控制的3種建議設定

在「偏好設定／手勢控制」選單中可以設定自己順手的手勢操作。建議關閉不需要的手勢控制，以防止錯誤操作。

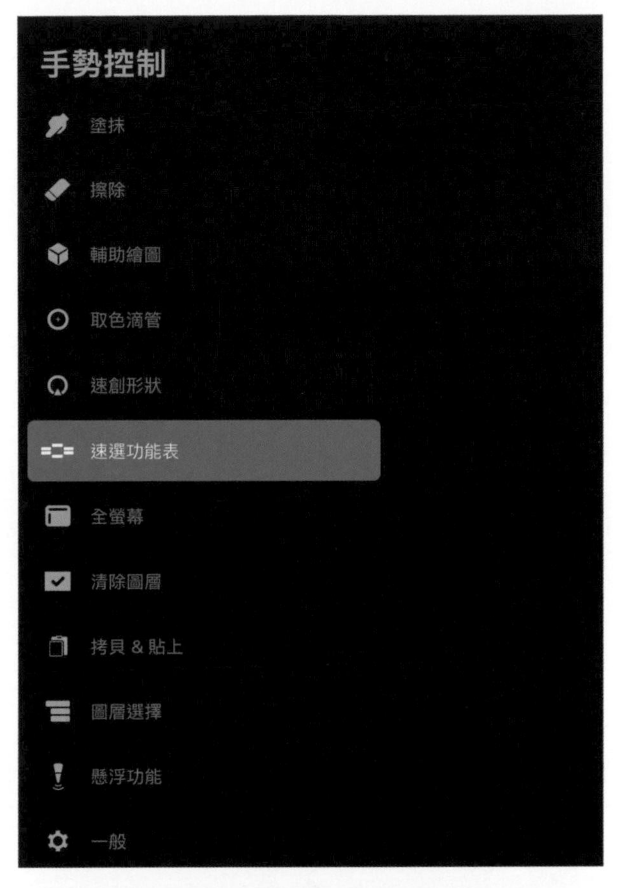

① 設定速選功能表

使用「速選功能表」，即可快速選取「添加文字」或「水平翻轉」等必要的功能。請務必在「手勢控制」中先行設定，建議利用「四指點按」或「修改鈕」來啟動速選功能表。

MEMO

設定好的手勢控制如果和其他的操作重複，會顯示如下圖的警告視窗，並且會優先使用後來設定的操作。

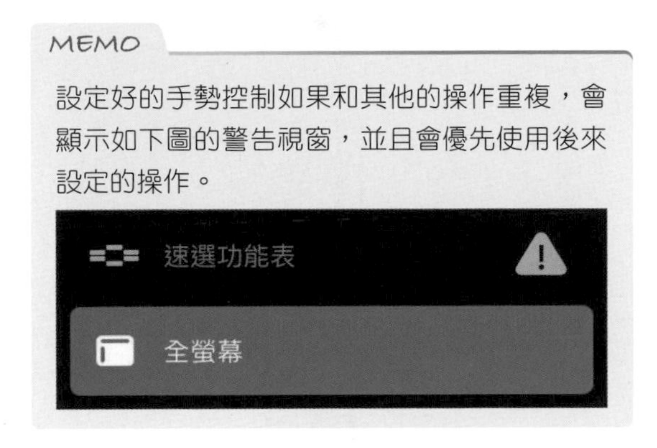

② 調整速創形狀的動作時間

「速創形狀」功能是用來修正徒手繪製的直線或圖形。如果擔心錯誤操作，可在設定中將「延遲」設定得更久（0.8 秒以上）。

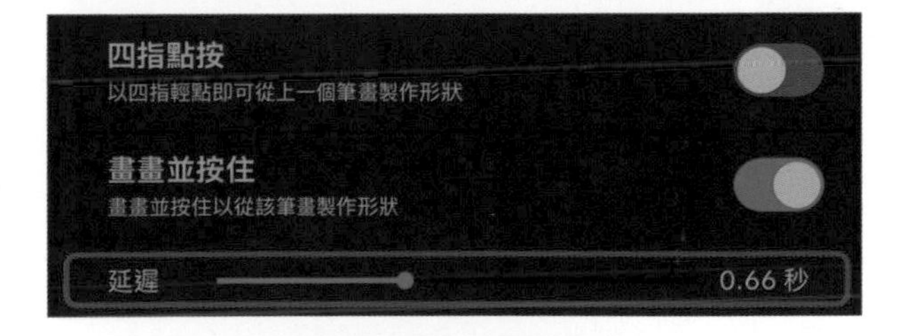

③ 啟用以手指繪圖

若關閉「一般／啟用以手指繪圖」選項，則無法用手指來繪圖。這樣可以防止不小心用手指碰到螢幕而畫錯線條，或是手掌觸碰時的錯誤操作。

基本的手勢控制

Procreate準備了各種能輕鬆操作的手勢控制功能。習慣之後，會比選取按鈕的操作方式更有效率。

6個好用的手勢控制功能

這裡介紹的只是一部分的手勢，可執行「操作／偏好設定／手勢控制」命令來變更設定。

撤銷（Undo）

用兩指點按畫面，即可返回上一個動作。長按則可以連續撤銷多個動作。

重做（Redo）

用三指點按畫面時，可以將撤銷的動作再重做一遍。

清除圖層

在畫面上用三指來回擦搓，即可清除目前圖層中所有的內容。

重設畫布

在畫面上用手指輕輕往內縮捏，可將縮放或旋轉過的畫布重設為初始狀態（縮放或旋轉前的狀態）。

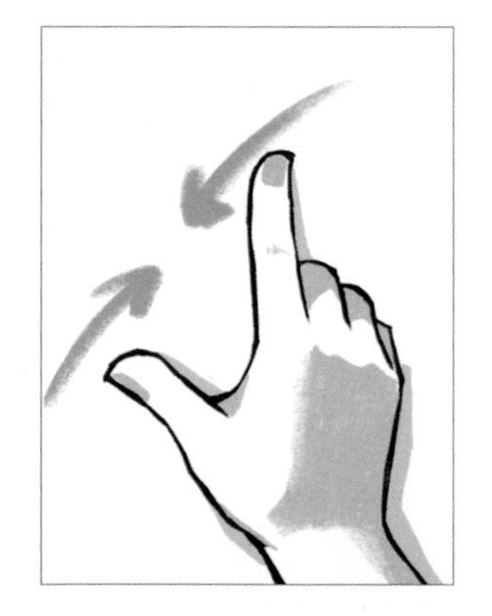

取色滴管

用單指點按畫面之後持續按住，即可取得該處的顏色。

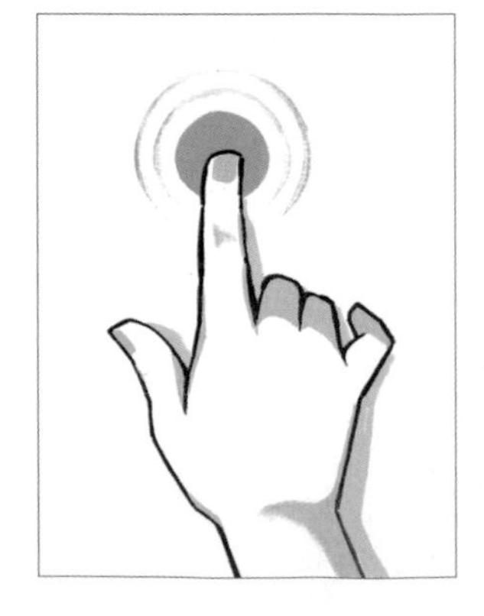

拷貝＆貼上

用三指在畫布上由上往下滑動，即可顯示拷貝＆貼上的選單。

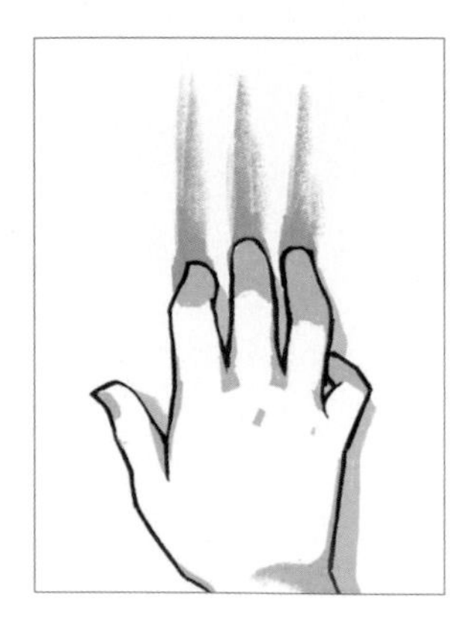

Chapter

3

作品集與保存作品

文・Necojita

作品集的使用方法

「作品集」是用來保存作品的地方，呈現方式如同相簿，可看到所有作品的縮圖。按住縮圖即可拖曳和排列順序，亦可將多個作品組成「堆疊」，看起來更清爽。

用作品集和「堆疊」整理作品

「作品集」會顯示所有作品的縮圖，可在此排列和管理作品。縮圖的下方會顯示作品名稱和尺寸，點按作品名稱即可變更為喜歡的名稱。要畫新作品時，按作品集右上方的「＋」鈕，即可新增畫布來作畫。

顯示單一作品的選單

在作品縮圖上面往左滑一下，即可開啟選單，此選單中可選擇「分享」、「複製」、「刪除」等命令。其中最常用的是「複製」，當你需要替作品進行大幅度的變動時，建議先「複製」一份，會比較保險。

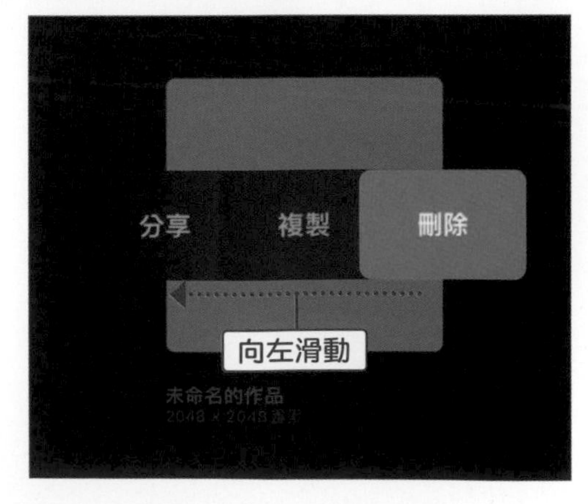

新增畫布

在作品集畫面按右上角的「＋」鈕，就會開啟「新畫布」面板。在此可以挑選各種預設的畫布尺寸，或參考以下「自訂畫布」的說明，設定想要的尺寸並且儲存起來。第一次畫時，建議可以先選最上面的「螢幕尺寸」來畫畫看。

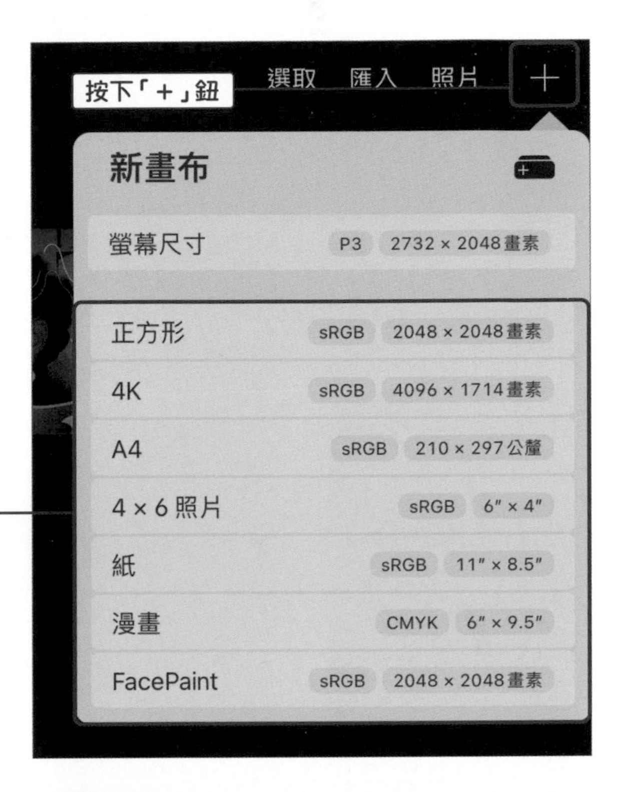

「自訂畫布」按鈕

如果清單中沒有符合你需求的尺寸，可以按右邊這個圖示，會開啟「自訂畫布」面板，讓你自行設定畫布尺寸（請參考 P.026）。也可以將自訂尺寸命名並儲存，下次要建立新畫布時，儲存的自訂尺寸就會成為預設尺寸的選項之一。

管理自訂畫布清單

預設尺寸清單內的項目，可按住拖曳並往上下移動順序。如果有不需要的畫布，只要在項目上往左滑，即可選擇「編輯」或「刪除」。

自訂畫布的設定內容

「自訂畫布」面板中可自行設定畫布的寬度、高度和 DPI(解析度)等。需注意的是，如果這個檔案未來要輸出成印刷品，在設定時要特別注意尺寸與「顏色配置」。「顏色配置」項目中包含 RGB 或 CMYK 的色彩模式選擇，之後無法變更。如果是印刷用的作品，需在此先設定為 CMYK 色彩模式。

●自訂畫布的畫面

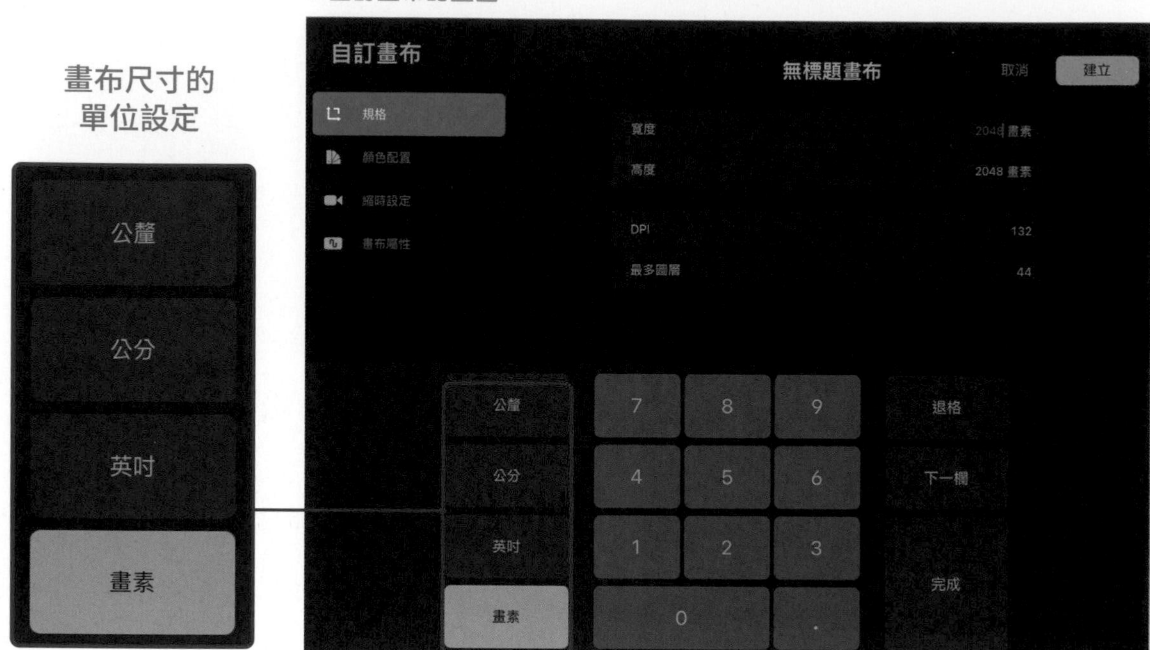

DPI

設定此作品印刷輸出時的解析度。設定畫布尺寸的單位時，如果選擇「畫素」以外的設定，要輸入所需的數值。以彩色作品為例，建議設定為 350dpi，輸出時即可有足夠的畫質。

顏色配置

這個項目可以替數位繪圖的作品設定色彩模式，未來若在相同色彩模式的環境下，顏色比較不會偏移。舉例來說，印刷輸出用的作品，建議設定為 CMYK；發佈到網路上的作品，則建議選擇 RGB 色彩模式。

縮時設定

Procreate 預設會保存作品的完整製作流程(繪畫步驟)，並且會將過程輸出成縮時影片，可在此做相關的設定。如果繪製的作品尺寸較大，縮時錄影的檔案相對也會變大。如果不想要錄製縮時影片，可在此設定「操作／幫助／進階設定／禁用縮時錄影」。

建立「堆疊」

1 「堆疊」就像是把文件疊起來一樣，能把多個作品整合成一個群組。首先請點按作品集上方選單的「選取」。

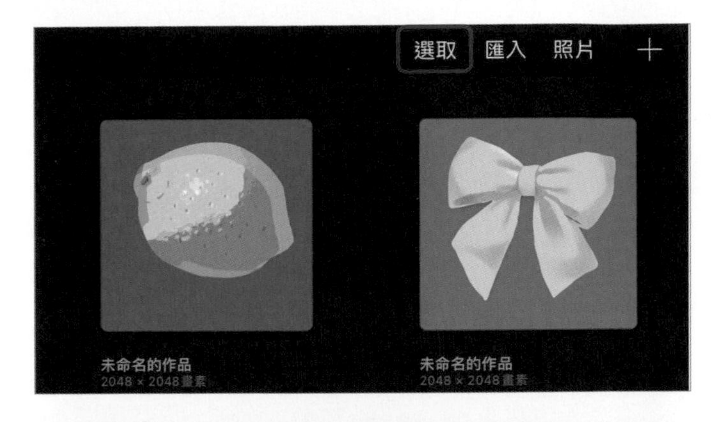

2 請點選多個作品，然後點按「堆疊」(被選取的作品，會在檔名前面加上藍色的勾選標記)。

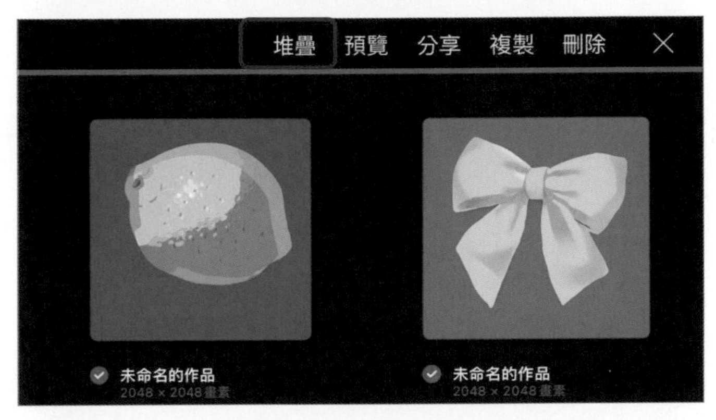

3 這樣就建立成堆疊了。堆疊的縮圖會顯示堆疊中前 3 張作品重疊的樣子。

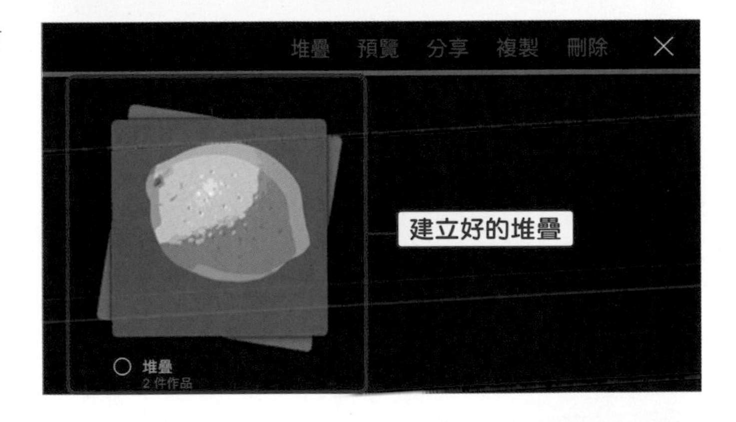

4 按一下堆疊的縮圖即可進入堆疊內。若要把作品移出堆疊，請按住作品的縮圖，拖曳到上方的「堆疊」項目，稍等一下會返回作品集，這時再放開按住的作品，就可以放回作品集。

MEMO

把作品拖曳到其他作品上也會建立堆疊。但無法在堆疊內建立堆疊。

作品的分享與保存

當你在 Procreate 中畫完作品，想要轉存到 iPad 的相簿中或是分享到網路時，請使用「分享」功能。轉存作品前，別忘了確認檔案格式和尺寸。

將作品保存在iPad的「照片」App中

1 從左上方工具列執行「操作／分享」命令。

2 從「分享圖像」下方的列表中選擇要轉存的檔案格式。其中「Procreate」和「PSD」會儲存完整的分層檔案而非圖片格式，如果你是要存到相簿或分享到社群網路，建議選「JPEG」或「PNG」格式。

POINT »保存到「檔案」App的好處

將作品轉成圖檔後，除了可以存到 iPad 的「照片」App，其實也可以存到 iPad 的「檔案」App 裡。如果存到「檔案」App，可在此變更檔名、複製、搬移或是管理去背的 PNG 圖檔，相當便利好用。

在畫布中插入照片

1 從左上方工具列執行「操作／添加」命令。

2 選單中會提供「插入一個檔案」、「插入一張照片」、「拍照」等功能。若你想要將 iPad 裡的照片（儲存在「照片」App 中的圖檔）置入到 Procreate，請在選單中點按「插入一張照片」項目。

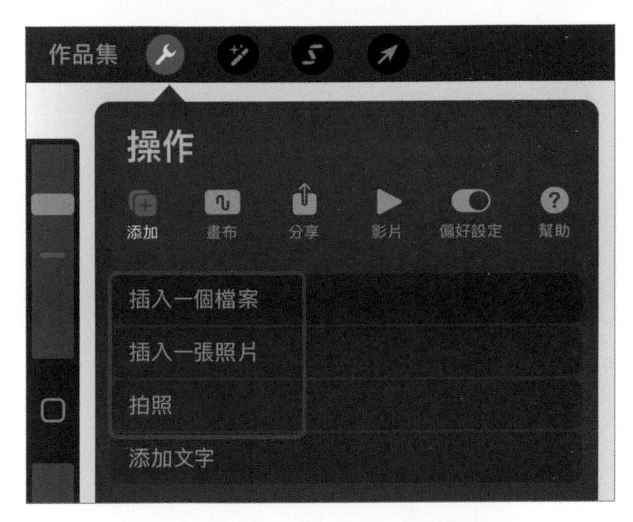

3 將照片置入畫布之後，就會自動啟用「變形工具」，讓你自行調整想要的位置與尺寸。詳情會在第 7 章的「變形工具」單元做介紹（請參考 P.072~P.075）。

POINT »　使用變形工具可能會降低畫質

使用變形工具配置圖像時，如果反覆將圖片放大縮小，將會導致畫質變差。如果你很在意畫質，建議從一開始畫時就將畫布尺寸設定得大一點。

變更畫布尺寸

當你要分享作品時，若想縮小成適合網路分享的尺寸，或是要放大成高畫質時，可執行「裁切＆重新調整」命令來變更畫布尺寸。

重新設定畫布尺寸

1 從左上方工具列執行「操作／畫布／裁切＆重新調整」命令。

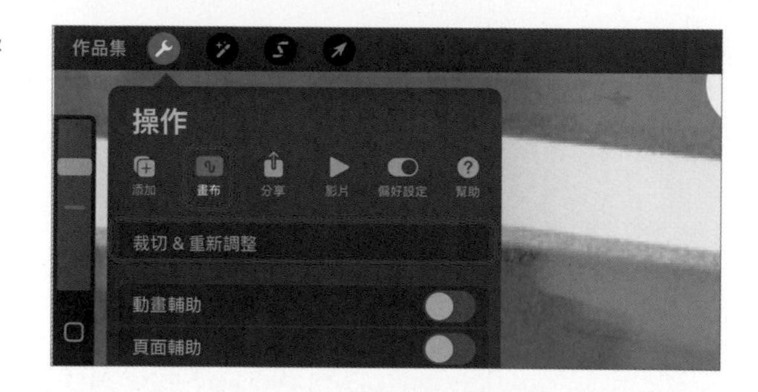

2 在「裁切與重新調整大小」的編輯畫面中，按右上方的「設定」項目，然後開啟「重新採樣畫布」項目。

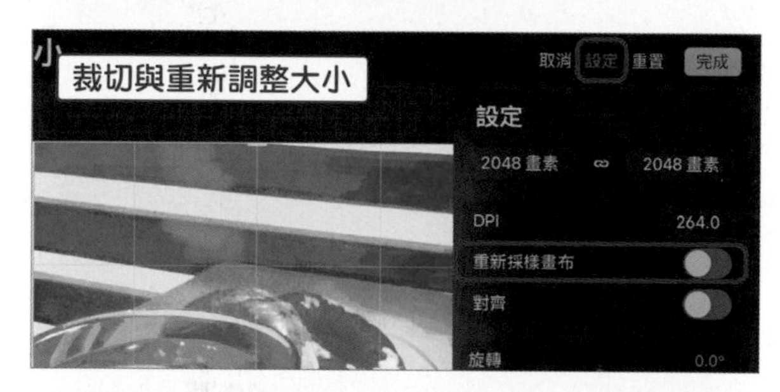

3 按一下畫布尺寸後即可輸入數值。只要開啟「重新採樣畫布」項目，就不會變更畫布的長寬比例。

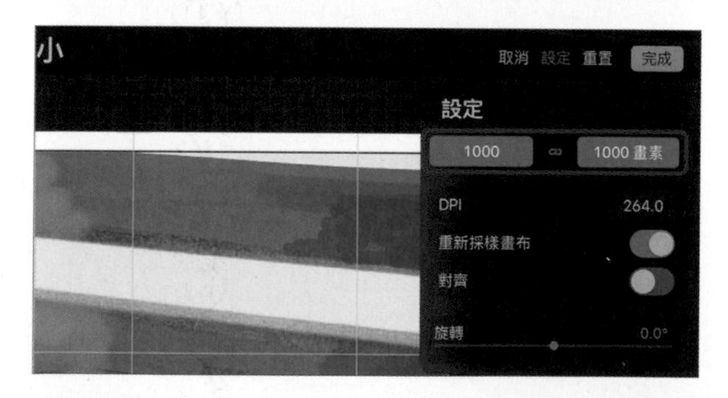

POINT »如何以固定的長寬比例裁切畫布

畫布尺寸的長度與寬度之間，有個鎖鏈的圖示，圖示呈藍色時會固定長寬比。要改變長寬比時，請關閉「重新採樣畫布」項目，看到鎖鏈圖示呈現白色(若還是藍色，按一下即可變成白色)，就可以變更比例。

Chapter

4

筆刷與繪圖工具的用法

文・Necojita

在繪圖工具挑選喜歡的筆刷

截至2022年10月，Procreate已內建約200種筆刷，而且還能匯入Photoshop筆刷來使用，也可以匯入購買的筆刷，可說是具有無限的擴充性。

在繪圖工具中開啟「筆刷庫」

Procreate 的介面右上方有三種繪圖工具：繪畫工具、塗抹工具、擦除工具。當你點按這三種工具時，都可以開啟「筆刷庫」，讓你選擇繪畫、塗抹、擦除時要使用的筆刷。你可以替不同工具分別設定喜歡的筆刷來使用。目前使用中的工具圖示會呈現藍色，只要按一下藍色的圖示即可開啟「筆刷庫」。

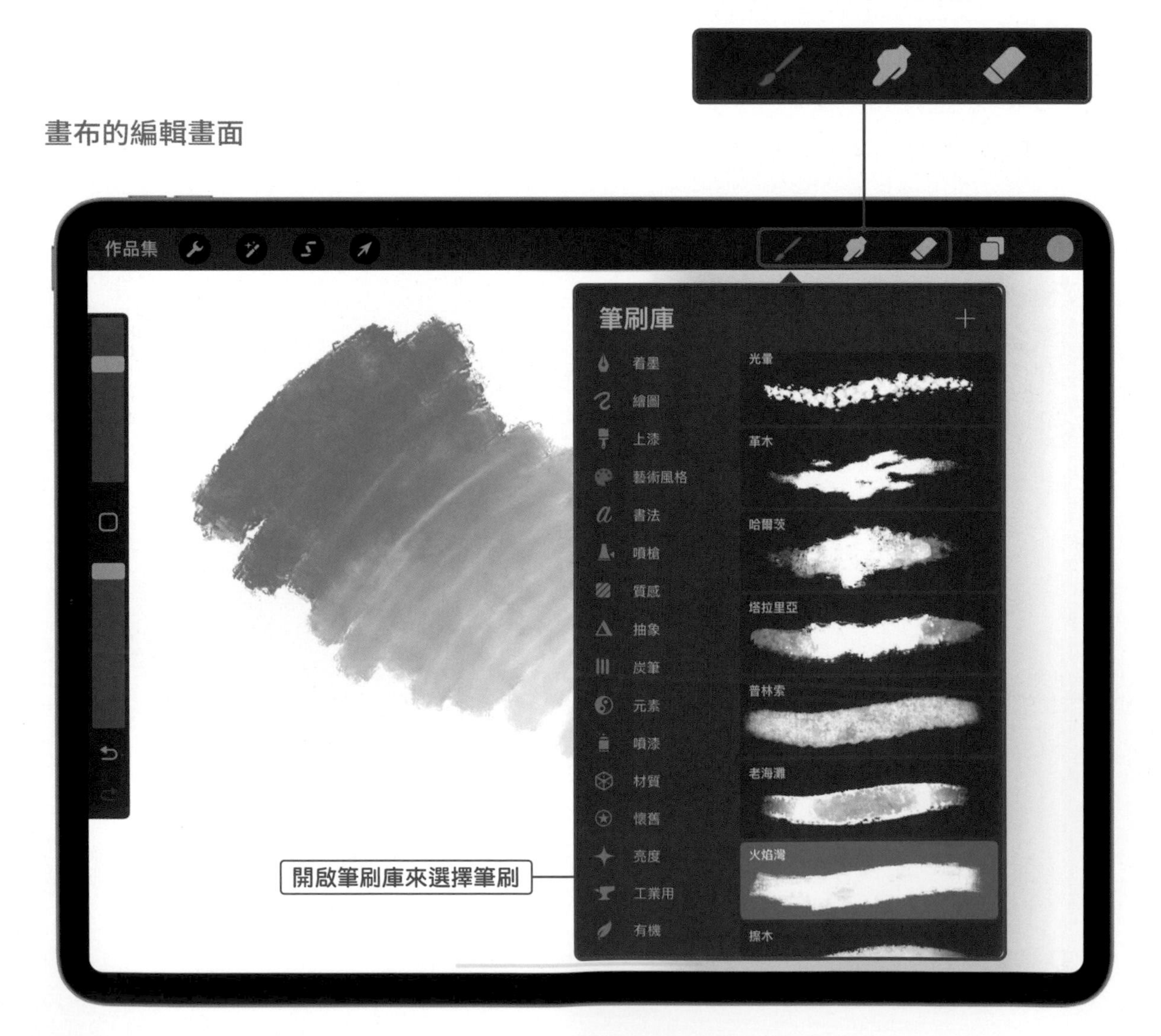

讓我們來看看「筆刷庫」

❶ 筆刷組

「筆刷組」會把類型相近的多種筆刷整合成一組，方便你依類別挑選。點按想要的筆刷組，右側會展開筆刷清單。你可以依照想要的質感來挑選，例如右圖就是展開「藝術風格」筆刷組的各種筆刷。

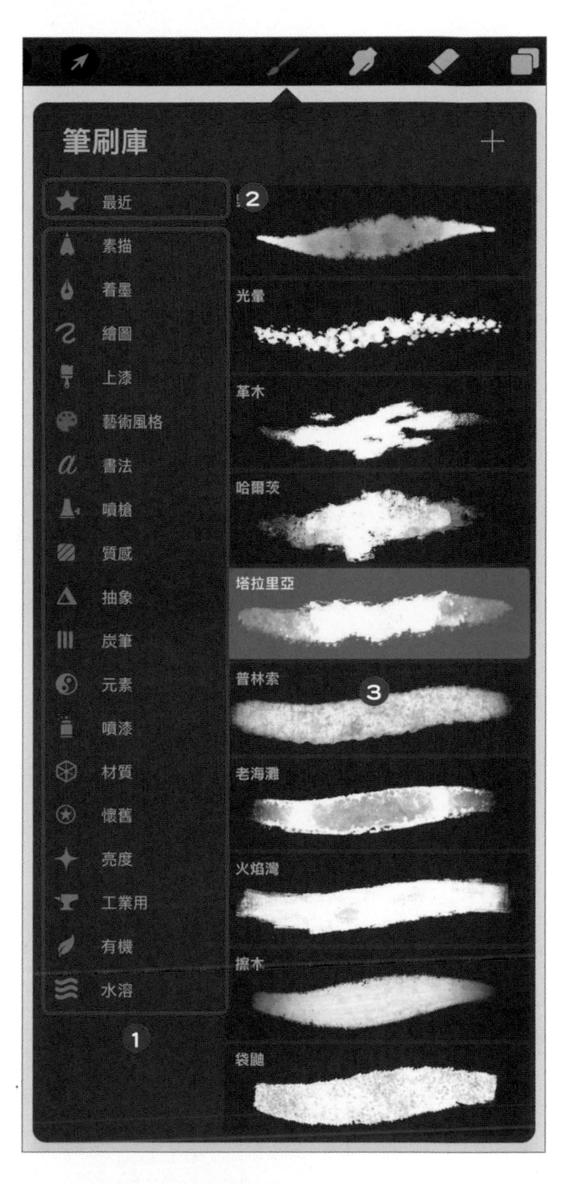

❷ 最近（筆刷的使用記錄）

筆刷組最上方的「最近」，會顯示你最近用過的筆刷。當你想要使用某個曾經用過的筆刷，但忘記名稱時，不妨試著在此找看看。如果是很常用的筆刷，建議在筆刷名稱上往左滑動，從顯示的選單中點按「釘住」，即可避免從最近的使用記錄中被刪除。

❸ 標準筆刷

「標準筆刷」是 Procreate 預設的筆刷，一開始就已經內建了。這類筆刷無法刪除或變更名稱，如果你想要調整內容、變更成自訂名稱時，建議先複製再做調整。

筆刷的分享、複製、重置

把筆刷縮圖往左滑動會顯示編輯選單，有「分享」、「複製」、「重置」這 3 個選項可供選擇。

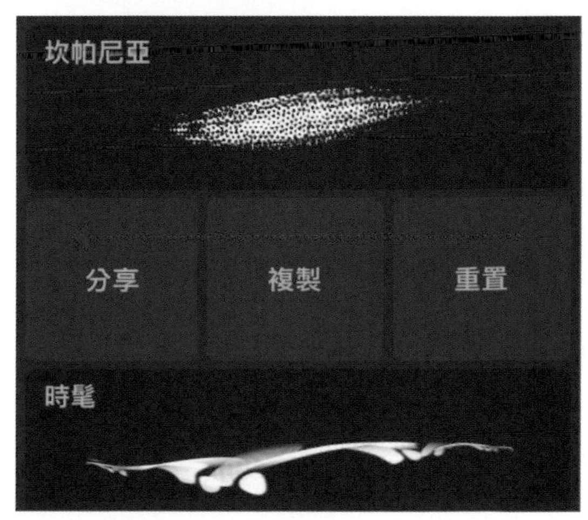

活用3種類型的筆刷

Procreate內建200多種筆刷，難免會讓人不知該從何下手。若排除特殊的筆刷，筆者作畫時常用的筆刷大致可區分為3種類型。以下就介紹這 3 類筆刷的用法。

了解繪圖用筆刷的特徵

繪圖常用的筆刷可分成以下 3 大類型。通常我們是配合想要畫出來的插畫效果去挑選，對於剛開始接觸數位插畫的人，我認為選 ① 類型的筆刷會比較容易掌握。

① 平塗類筆刷（混合）

② 疊色類筆刷（釉光）

③ 混色類筆刷（濕筆）

特殊效果的筆刷

除了上面提到的 3 種筆刷，還有「色彩增值」或「發光」之類的筆刷。色彩增值筆刷主要是能夠呈現像透明水彩疊色般的混合效果。筆觸重疊時會讓顏色變得更濃更深，可呈現和圖層混合模式「色彩增值」相同的效果。發光筆刷則是能夠表現耀眼光芒的筆刷。

● 色彩增值筆刷的效果

● 發光筆刷的效果

① 平塗類筆刷（混合）

平塗類筆刷，可以繪製遮蓋底色的不透明效果。這類筆刷很適合邊畫邊修正（因為筆刷不透明，筆觸會覆蓋前面的內容），也可以用來打底。如果調整滑桿、降低筆刷的透明度，也能表現融入底色的效果。

● 使用「尼科滾動」筆刷上色的效果

平塗類筆刷的例子

- 素描／6B鉛筆
- 上漆／尼科滾動
- 書法／單線
- 書法／粉筆
- 噴槍／噴槍類

（柔質／中等 ／中等硬度／硬質噴槍）

- 有機／蘆葦

POINT »混合類筆刷的疊色

混合類筆刷大多帶有間隙，從這些間隙可隱約透出下層的顏色，因此能夠呈現自然融合的疊色效果，可巧妙營造出具粗糙筆觸的畫作，例如粉筆畫、蠟筆畫等。

筆觸重疊時，從間隙透出下層色彩的混合效果

② 疊色類筆刷（釉光）

疊色類筆刷可以透出下層的筆觸，可以透過筆觸的相互疊加來打造層次。容易營造透明感，也可以呈現水彩風格的上色。建議先用平塗類筆刷塗底色，之後再用疊色筆刷，會更容易調整帶有透明度的顏色。

● 使用「塔瑪爾」筆刷上色的效果

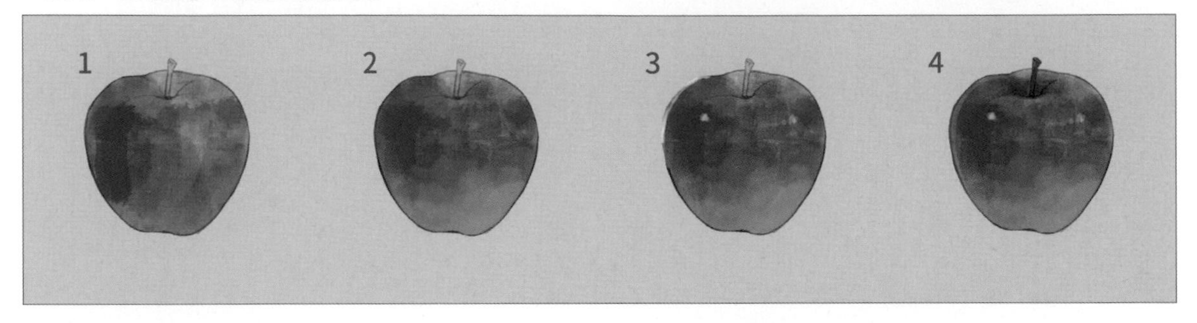

疊色類筆刷的例子

- 上漆／圓型筆刷
- 上漆／塔瑪爾
- 著墨／火絨盒
- 書法／毛筆
- 質感／維多利亞式
- 有機／雛菊

POINT »用筆壓控制透明度

用筆壓控制透明度可讓筆觸看起來更自然。除了用滑桿調整透明度，也試著掌握筆壓的施力訣竅吧！描繪時，如果將 Apple Pencil 傾斜，就可以減弱筆壓，可以更容易穩定地上色（請注意有的筆刷無法用筆壓改變透明度）。

③混色類筆刷（濕筆）

這些是具有「濕混合」功能的筆刷，你可以像水彩或油畫一樣在畫布上混合顏色，或是添加渲染效果。

● 使用「袋鼬」筆刷上色的效果

混色類筆刷的例子

- 噴槍／混色類（軟混色／中等混色／中等硬混色／硬混色）
- 藝術風格／袋鼬
- 上色／油畫顏料
- 水溶／濕紙效果
- 水溶／濕海綿

POINT »濕混合效果要在同一個圖層中製作

濕混合的混色效果，只會反映在同一個圖層中，如果是畫在不同圖層，就不會有這種效果了。因此，在運用濕混合類型的筆刷疊色時，請務必先確認是否在同一個圖層中。

運用輔助功能畫出平滑線條

使用Apple Pencil可以快速畫出工整平滑的線條，因為有自動修正的輔助功能。在Procreate中只要用「速創形狀」或「穩定化」功能，即可畫出平滑的線條。

用「速創形狀」功能徒手畫出幾何圖形或直線

1 徒手繪製的線條可能不太工整，不過，只要你在畫完一筆時暫停一下（不要讓筆尖離開螢幕），稍待片刻之後它就會自動修正為漂亮的幾何圖形或直線。

●稍待片刻即可自動修正

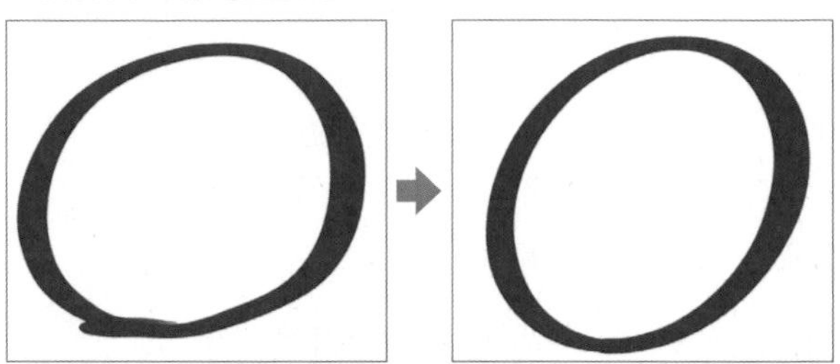

2 修正完成後會在上方的「通知列」顯示形狀，如果要編輯，請按一下名稱。

3 接著會切換到可以進一步編輯形狀的畫面。線條上會顯示藍色的點，移動藍點即可修正為滿意的形狀。此外，上方「通知列」還會顯示形狀修正的候補選單，你也可以在其中挑選出想要變換的圖形。

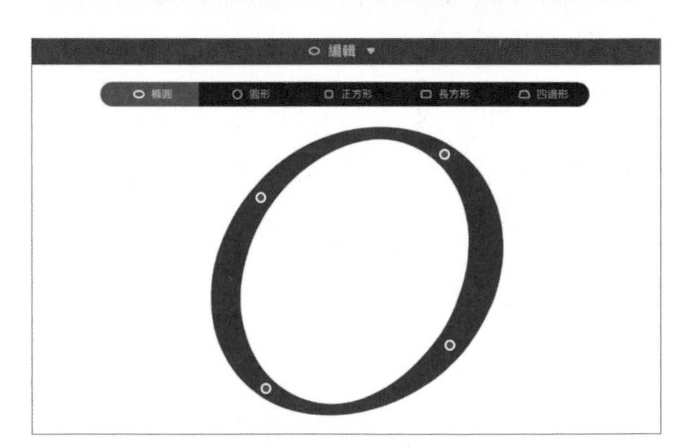

POINT »　「速創形狀」可變換的圖形和線條

「速創形狀」可以變換出多種圖形，包括線條、弧形、橢圓、圓形、四邊形、長方形、折線（多邊形）。前面提到，當你在徒手畫完一筆時暫停一下（不要讓筆尖離開螢幕），即可啟動「速創形狀」功能，如果這時同時用手指點按畫面的空白處，還可修正為長寬比例一致的形狀，例如把橢圓形變成正圓形。

調整「穩定化」設定與Apple Pencil的「壓力」

壓力和平滑

在描繪線稿時，設定「穩定化」可讓你畫出平滑流暢的線條。從左上方工具列執行「操作／偏好設定／壓力和平滑」命令，可以替所有筆刷設定符合需求的穩定化數值。此處設定的結果會影響所有的筆刷，如果想要個別設定筆刷，請在個別筆刷的設定面板中變更「穩定化」項目。

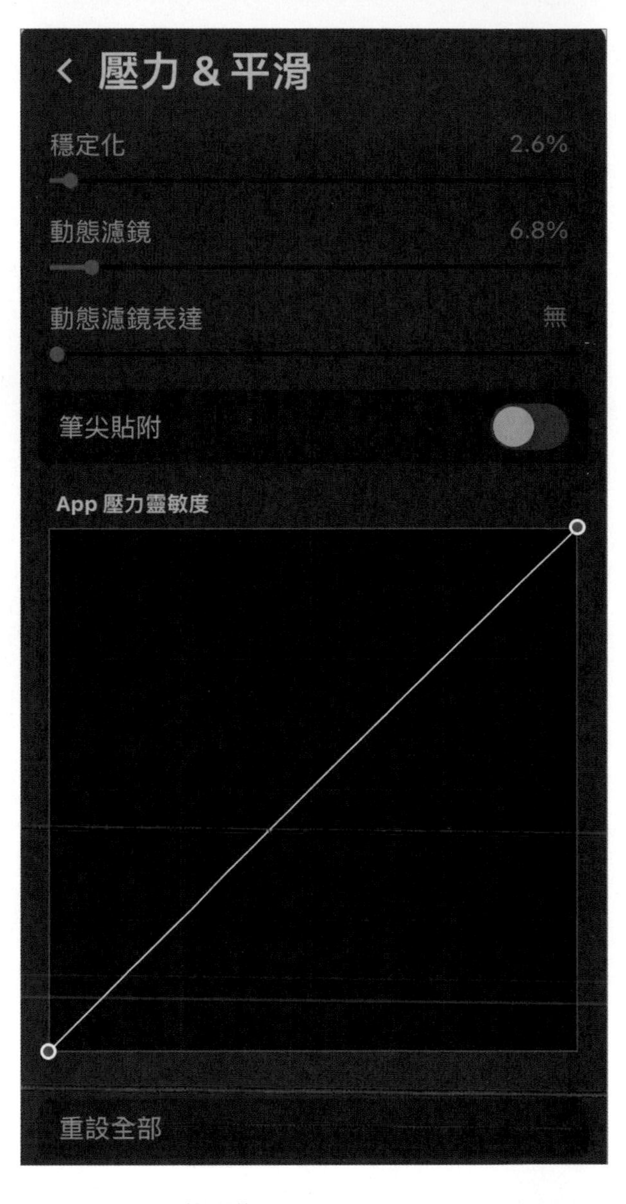

- 穩定化

穩定化可讓快速繪製的線條更接近直線，慢慢畫的時候效果則會減弱。即使是複雜的形狀也可以套用，而且效果很自然，很適合用來手繪文字。

- 動態濾鏡 & 動態濾鏡表達

動態濾鏡，可在不受速度影響的前提下讓線條變平滑，適合用來繪製頭髮這類又長又美的線條。當「動態濾鏡表達」的數值愈大，對於大動作的線條繪製也會有一定程度的修正效果。

- App壓力靈敏度

這個圖表代表的是 Apple Pencil 的筆壓靈敏度。水平軸可調整下筆力道的靈敏度，愈往右所需的筆壓愈強。如果把曲線調整成向上的弧線會變成觸感軟的筆，向下的弧線則會變成觸感硬的筆。

穩定化的效果

● 修正前

● 修正後

LESSON

練習替蝴蝶結繪製陰影

有些筆刷可以畫出柔和的輪廓，有些則是可以畫出乾擦風格的水彩效果。接著就來練習切換筆刷，描繪陰影和圖案。

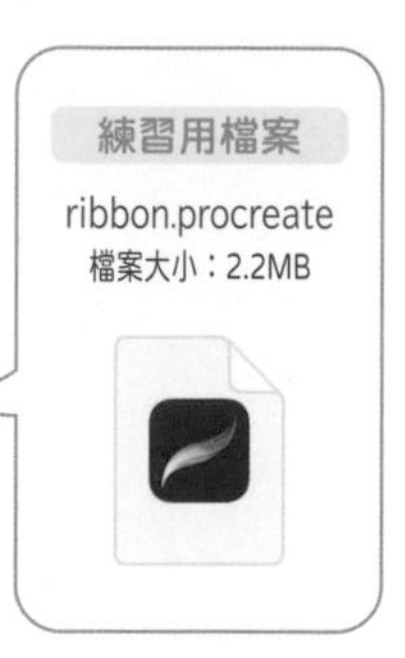

用不同的筆刷替蝴蝶結畫上陰影

完成示意圖

練習的重點

這個小練習要讓你嘗試運用不同的筆刷效果。藉由替蝴蝶結添加陰影，可讓輪廓顯得更柔和。運用筆刷的效果，就能夠輕鬆畫出很有逼真感的筆觸。最後再加入藝術字，讓整幅畫更加華麗。

① 選取圖層

開啟檔案後，請點按右上方的圖層工具打開圖層面板。接著請按一下「陰影色」圖層將它選取。選取後，會變成作用中的圖層，呈現藍色狀態。

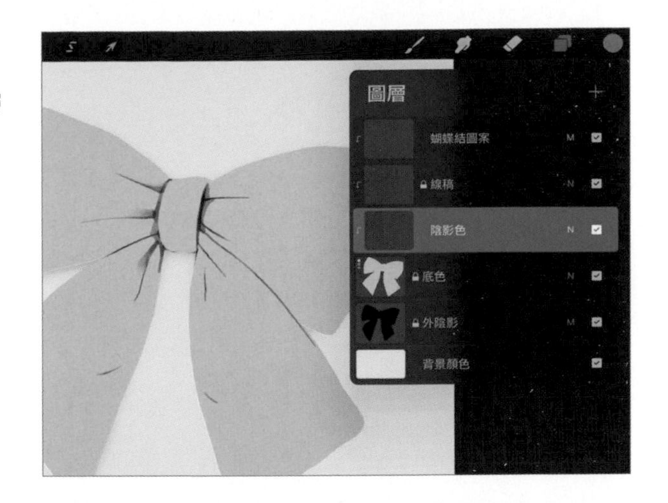

② 採取顏色

按一下側邊工具列中央的「修改鈕」(預設為取色滴管)，從左邊事先畫好的 3 種不同顏色的圓形當中，點一下中間圓形的顏色加以採取。

> MEMO
>
> 取色滴管工具會顯示一個圓環，圓環上半部是選取中的顏色，下半部則是上次使用的顏色。

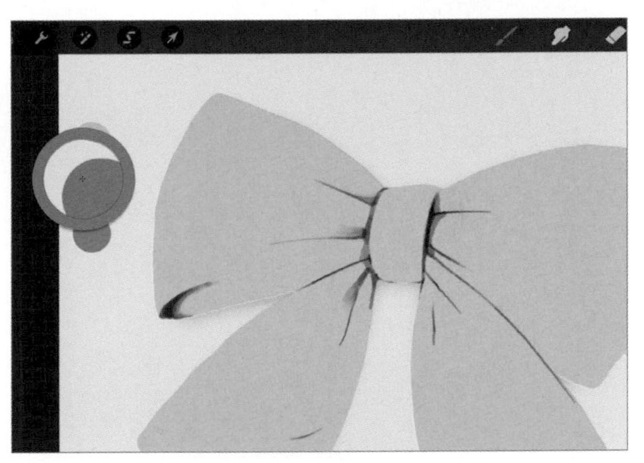

③ 從筆刷庫挑選「火焰灣」筆刷

切換到繪畫工具，然後按一下繪畫工具圖示展開筆刷庫，從中選取「藝術風格／火焰灣」筆刷。

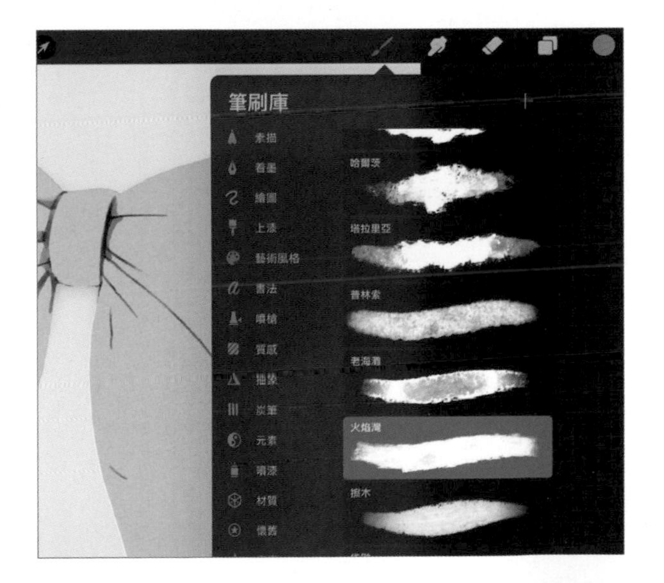

④ 沿線條加上陰影色

用「火焰灣」筆刷練習畫上陰影色。請順著線稿的蝴蝶結皺褶線條，在其周圍塗顏色。

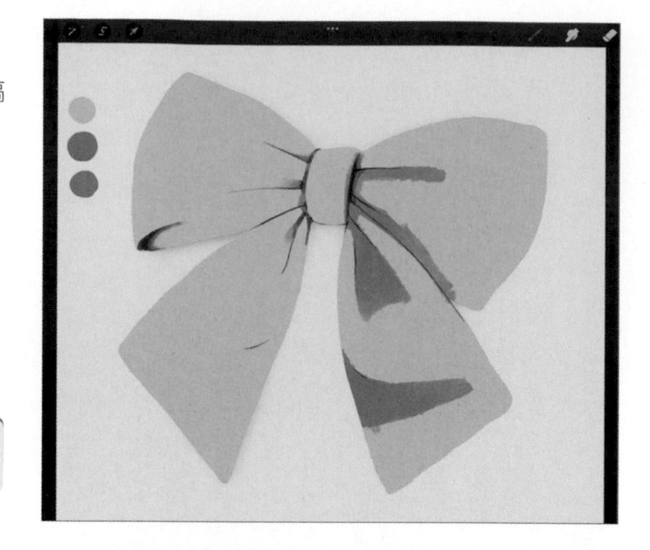

MEMO

畫陰影時可想成在蝴蝶結的「凹陷處」上色。

⑤ 減弱筆壓加入模糊效果

「火焰灣」筆刷在壓力極弱的情況下會出現模糊效果。此外，Apple Pencil 傾斜時的筆刷尺寸會變大，因此當你想要繪製大範圍的模糊時，可以讓筆接近平躺，用非常輕的壓力去上色。

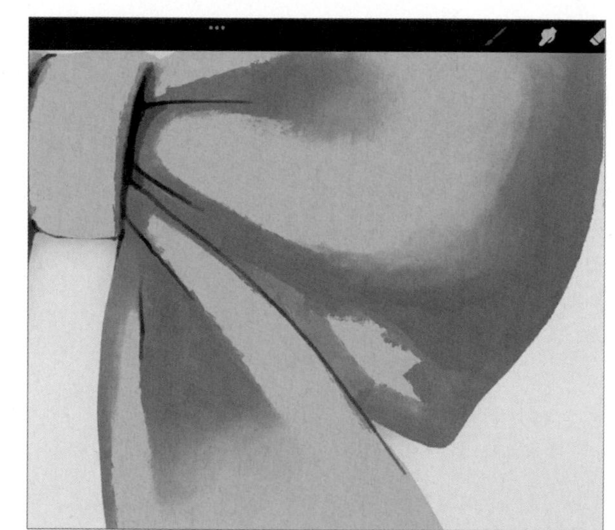

⑥ 選取「蝴蝶結圖案」圖層

替蝴蝶結的整體都畫好陰影色後，接著請選取「蝴蝶結圖案」圖層來畫。

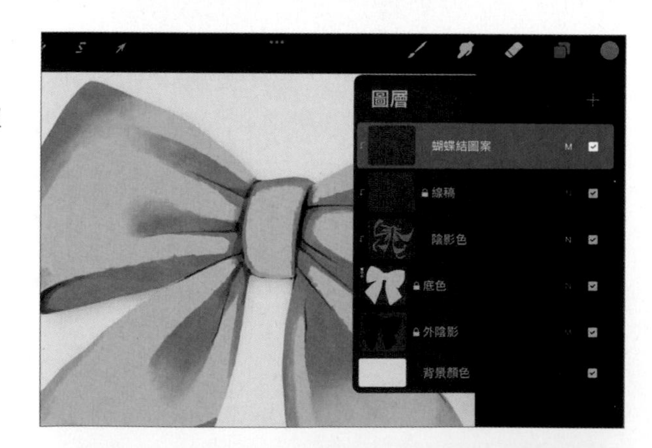

⑦ 選取「斑污」筆刷

切換到繪畫工具，將筆刷變更為「書法／斑污」。

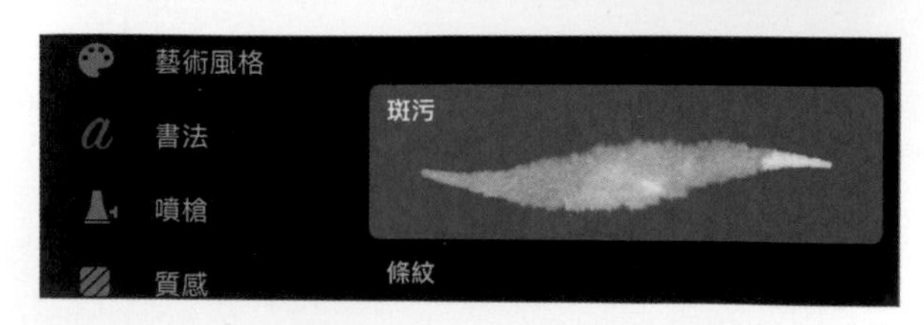

⑧ 繪製蝴蝶結的條紋圖案

接著要用「斑污」筆刷繪製蝴蝶結上面的條紋。使用的顏色已經準備好了，請用「取色滴管」去探取畫面左側最下面的圓，吸取顏色後即可開始描繪。請盡量畫出等間距的線條。

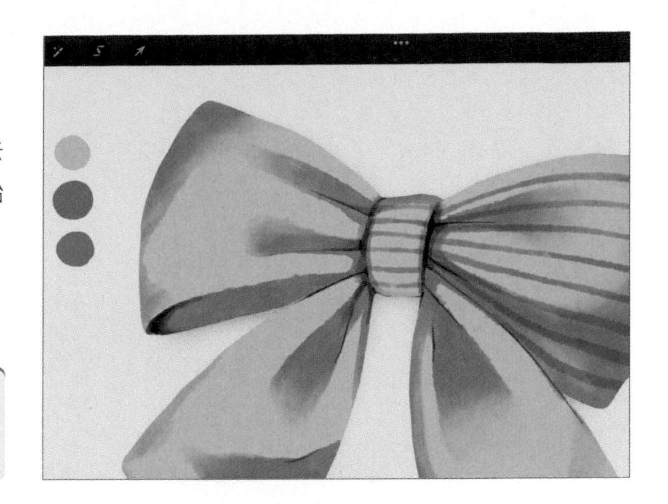

MEMO

「斑污」筆刷繪製的筆觸會愈疊愈深，所以在描繪蝴蝶結的條紋時，一筆畫完會比較漂亮。

⑨ 添加光澤

開啟圖層面板，先在最上方新增圖層，然後選取白色，用「火焰灣」筆刷塗上淡淡的光澤。

MEMO

畫光澤時可想成在蝴蝶結的「凸起處」上色。

⑩ 加入藝術字就完成了！

最後再於上方新增圖層，用「書法／毛筆」畫出裝飾用文字「Ribbon」。顏色使用調低透明度的黑色。到此練習就完成了。

Chapter 4

12

LESSON

練習用不同的筆刷上色

在實際運用筆刷的過程中，探索愛用的筆刷也是一種樂趣。
接著就來試著替這幅速寫上色吧！

練習用各種筆刷替速寫上色！

完成示意圖

練習的重點

這個小練習會提供一幅淺色調的速寫圖，讓你自由地添加色彩。練習目的是確認筆刷的繪圖效果，所以塗出範圍也沒關係。利用圖層設定，上色後仍可保有原本的速寫線條。請放心地當作著色本來上色吧！

① 選取圖層

點按右上方的圖層工具打開圖層面板，從中點按選取「試畫」圖層。

② 用「普林索」筆刷畫「冬天」

切換到繪畫工具，將筆刷變更為「藝術風格／普林索」。首先要試畫最右邊的「冬天」風景。

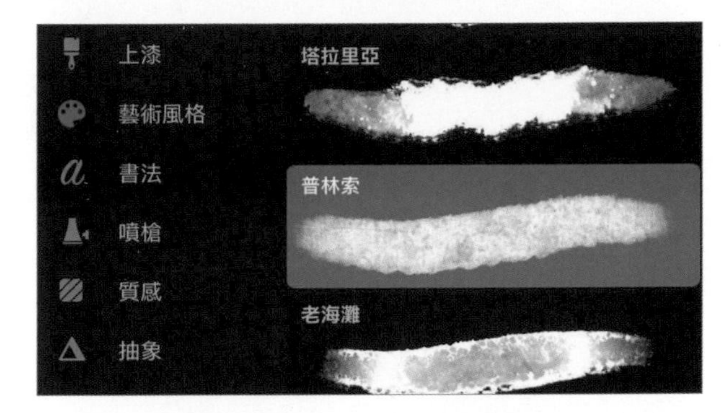

③ 活用質感來上色

活用「普林索」筆刷的質感表現，替畫作營造出不同的氣氛。上色時請務必仔細觀察，避免疊色太多層，會變成平塗（看不出紋理效果）。

MEMO

許多筆刷會帶有擬真的「質感」，也就是擦痕或紋理。「普林索」筆刷就帶有油畫布的質感。

④ 用「袋鼬」筆刷畫「秋天」

接著來繪製「秋天」的風景。選取「藝術風格／袋鼬」筆刷，用類似平頭水彩筆的筆觸，以疊色的方式營造韻味。試著用重複交疊的筆觸，表現出楓葉的密度吧！

⑤ 用「光暈」筆刷畫「夏天」

請用「藝術風格／光暈」筆刷替「夏天」上色。這款筆刷是將短筆觸以隨機散布的方式繪製，可營造粗顆粒的點描效果，也具有色調變化。只要適當地塗抹，就能完成壓克力畫般的效果。

⑥ 用「擦木」筆刷畫「春天」

最後用「藝術風格／擦木」筆刷來畫「春天」。這種筆刷會帶有明顯的刷痕，重疊筆觸即可營造粉彩風。此效果比較不適合描繪細節，建議搭配用鉛筆等筆刷描繪輪廓，再用此筆刷塗抹上色。

⑦ 完成！

到這裡練習就結束了。除了參考上述介紹的筆刷組合，你也可以自行嘗試其他的筆刷。如果想替這張速寫增添更細緻的描繪，也可以在圖層面板的最上層新增圖層來畫。

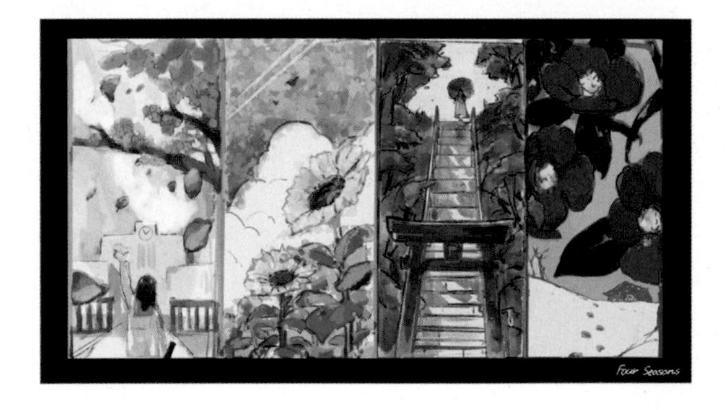

POINT » 底色的效果

這個練習作品是在有底色的畫布上開始畫，畫中並沒有白色的部分。在數位繪圖中，純白色或純黑色通常會顯得太過強烈，所以筆者會盡可能減少使用，藉此讓作品呈現沉穩的色調。

Chapter

5

顏色面板與填色工具

文・Necojita

顏色面板的介面

選擇顏色是決定插畫氛圍的重要工作。Procreate的「顏色」面板可切換5種調色模式來讓你自由選色，另外筆者也很推薦從照片製作色盤的功能。

開啟顏色面板來選色

點按左上方工具列的「顏色」工具，就會開啟顏色面板，預設是顯示「色圈」模式，在色環上點選即可選擇喜歡的顏色。選好顏色後，點按下方調色板區塊的黑色區域，即可儲存為「色樣」，以便下次使用。

顏色面板的結構

顏色面板的5種調色模式

① 色圈模式

「色圈」是顏色面板的預設調色模式。會顯示內外兩層色環，中間的色環是用來調整彩度和明度，而外圈的色環是用來變更色相。想要憑感覺挑選顏色時，推薦使用此模式，但是如果想要挑選純白或純黑這種明確的色彩時，建議切換成「經典」調色模式。

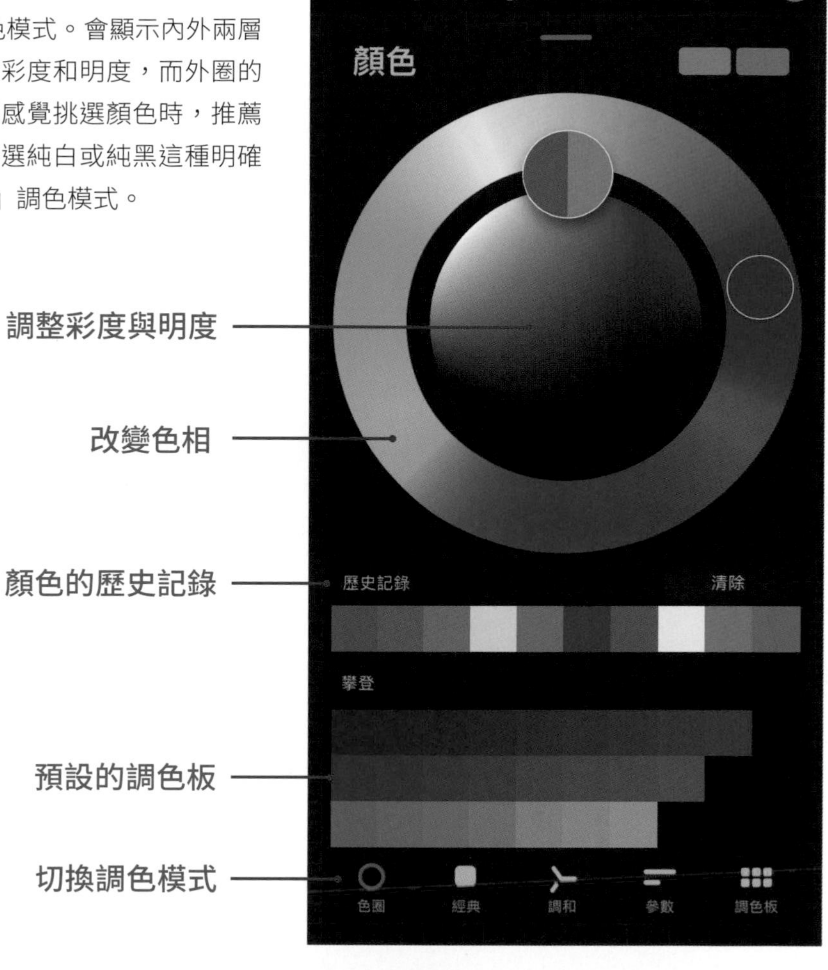

POINT »讓顏色面板浮動顯示

若用手指拖曳上方的灰色橫桿，可將顏色面板移動到畫面上的任意位置並常態顯示（浮動顯示）。浮動顯示時，視窗會變小，省略掉調色板和顏色歷史記錄的部分。若要結束浮動顯示狀態，請按面板右上方的X鈕，即可恢復原狀。

除了「色圈」以外的4種調色模式

② 經典模式

這種調色模式是 Procreate 剛推出時所採用的，所以被稱為「經典」模式。使用方法是先在上面的方框內控制彩度和明度，再進一步使用下方的色相、彩度、明度的滑桿進行細部調整。透過點按和滑桿這兩種操作，即可準確地調配顏色。舉例來說，要選純白色時可點按方框的左上角，要選純黑色時可點選方框的左下角或右下角。

③ 調和模式

在「調和」模式中，還有提供 5 種配色組合可供挑選。切換到此模式後，左上角會顯示「互補」，點按文字即可切換成其他的配色方式。如果你具備色彩學的知識，此模式可依照配色法則切換成互補色、分割互補色、類比（近似色）、三等分、矩形配色等。下方滑桿可調整明度。

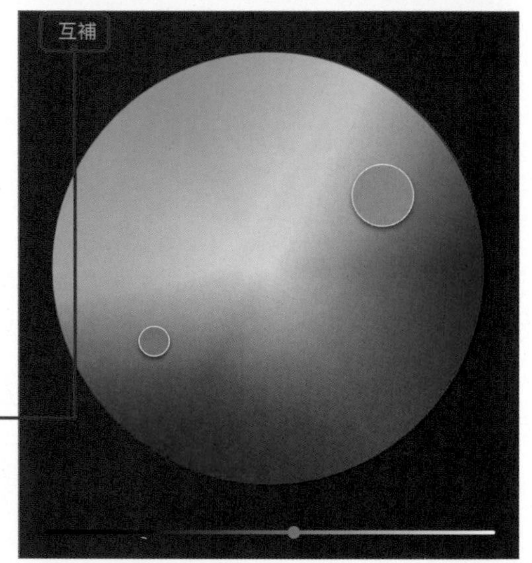

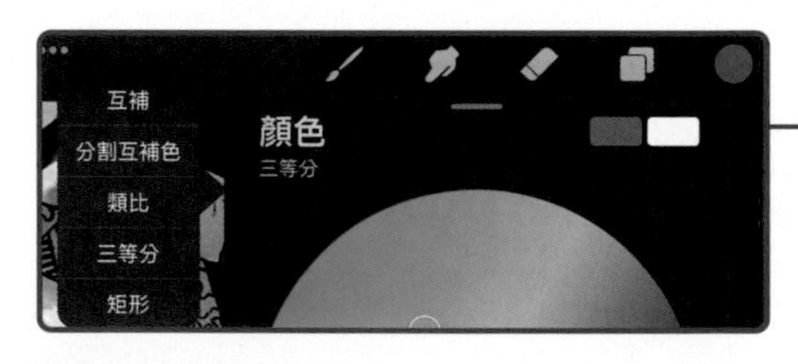

④ 參數模式

可以使用滑桿或輸入數值（色碼）來指定顏色。當你想要精確地調整顏色，或是為了印刷需要指定某個色碼時，這個模式會很實用。

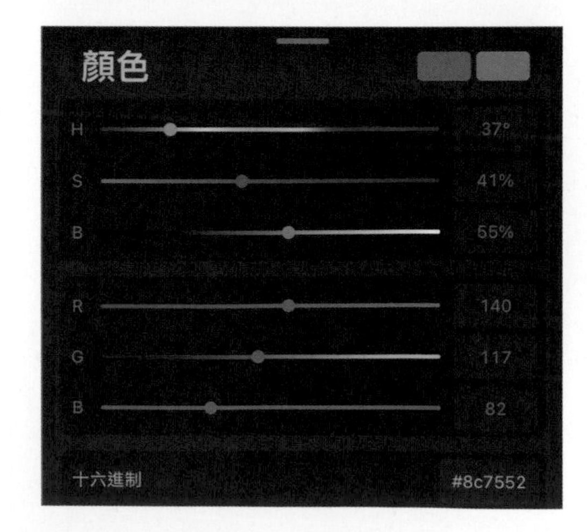

⑤ 調色板模式

一組調色板最多可登錄 30 個顏色。調色板中有一個個色塊，稱為「色樣」，其中保存了要用的顏色。顏色面板預設會顯示三組調色板，如果想保存目前顏色，請在調色板的黑色區域點一下，就會新增色樣。若調色板的空位已經滿了，可按右上角的「+」鈕新增調色板。

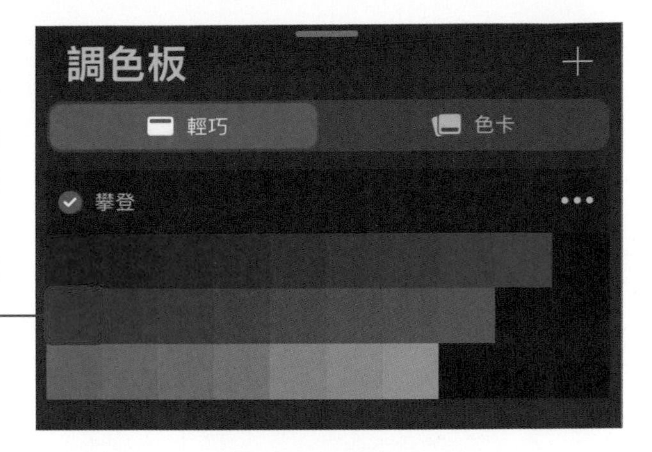

- 切換「輕巧」或「色卡」模式

調色板的色樣顯示也可以切換「輕巧」或「色卡」模式。若切換成「色卡」，則色樣會變大且會顯示色名。用手指操作時，這樣會比較容易選取顏色。

● 輕巧

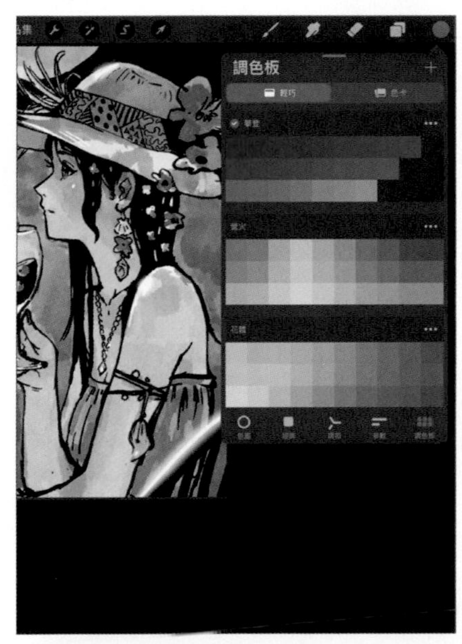

● 色卡

- 從照片或照相機建立調色板

在「調色板」模式中點按面板右上方的「+」鈕，再按「來自照相機的新的」項目，即可用 iPad 內建相機所拍攝的影像來建立調色板。按下快門鈕下方的「視覺」鈕，還可切換成「索引」，讓畫面整體的色調都反映到調色板中。

填色與「重新著色」功能

Procreate 提供非常方便的填色功能，稱為「色彩快填（ColorDrop）」，可以快速在畫布內或範圍內填入顏色，只要掌握訣竅即可迅速俐落地填色。

填色功能的使用方法

1 Procreate 的填色功能稱為「色彩快填」，是以拖曳的方式填色。只要用手指（或筆尖）按住顏色圖示，拖曳到畫布上要填色的範圍再放開，就會填滿該範圍。如果想調整填色範圍，在將圖示拖曳到畫布時，請持續按住並稍待片刻。

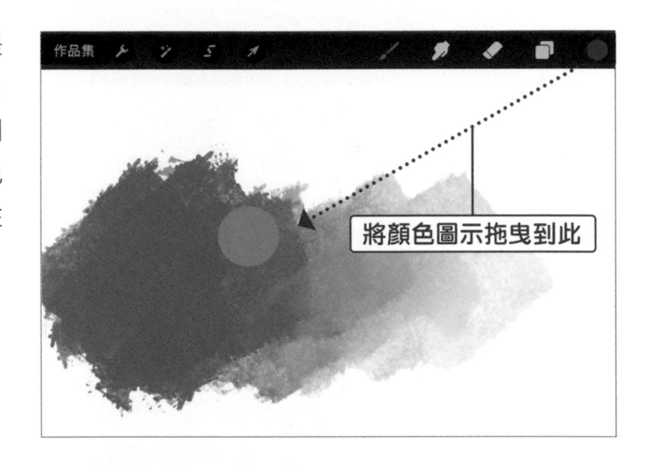

2 拖曳到畫布時，持續按住並稍待片刻，上面的通知列會顯示選項，可調整「臨界值」。這時請先不要放開手指。

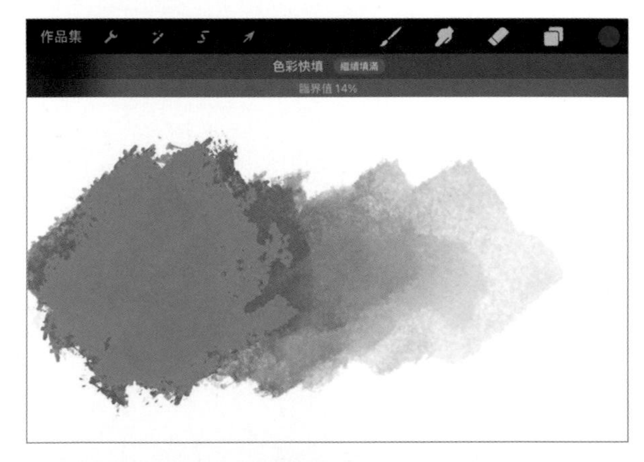

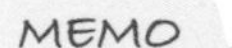

「色彩快填（ColorDrop）」功能也被稱為「油漆桶工具」，因為填色的方式就像是用油漆桶倒入顏色的感覺。

3 將持續按住的手指往右拖曳，填色的範圍會變大（往左拖曳則變小）。手指放開前皆可藉由左右拖曳來調整填色的「臨界值」，你可以一邊確認畫面上方「臨界值○○ %」數值，一邊決定填色範圍。

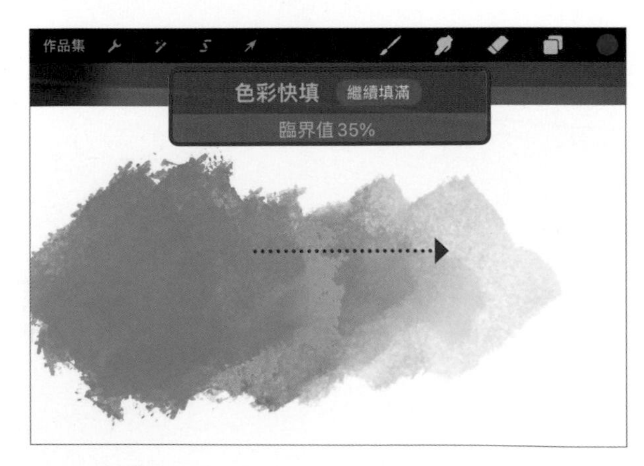

「重新著色」功能的使用方法

另一個好用的填色功能是「重新著色」，可快速調整插畫中特定範圍的色調。不過，若要使用「重新著色」功能，必須事先將此功能登錄在「速選功能表」中（請參照 P.019 關於「自訂按鈕」的說明）。完成登錄之後，即可隨時從速選功能表中選用。

請在顏色面板先選好想要變更的顏色，然後開啟「速選功能表」點選「重新著色」鈕，已填色的區域就會重新填上目前選的顏色（如果沒有變化，請將下方的「填滿」滑桿往右調整）。

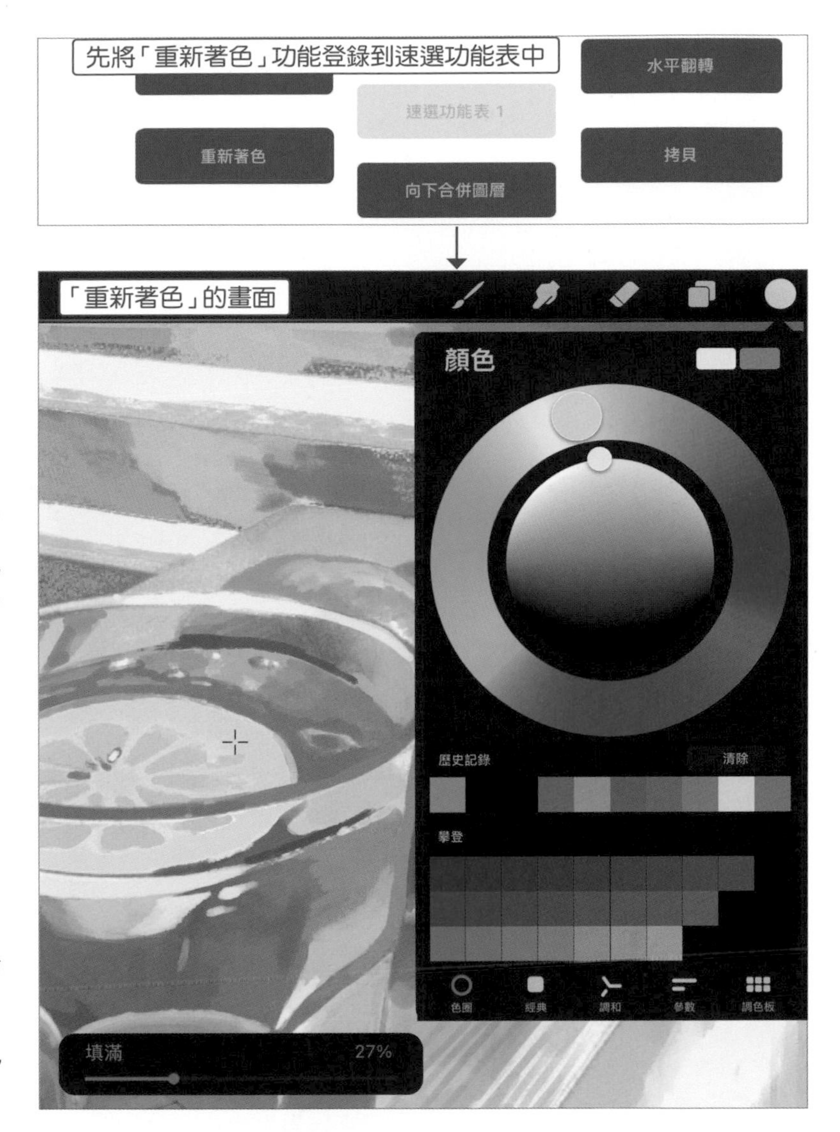

填滿

使用「重新著色」功能時，畫布的下方就會出現「填滿」滑桿。將滑桿往左右調整，可改變填色範圍的臨界值。

十字游標

「重新著色」功能是利用畫面上的十字游標來指定填色範圍。用手指點按畫面後拖曳，即可移動游標的位置。

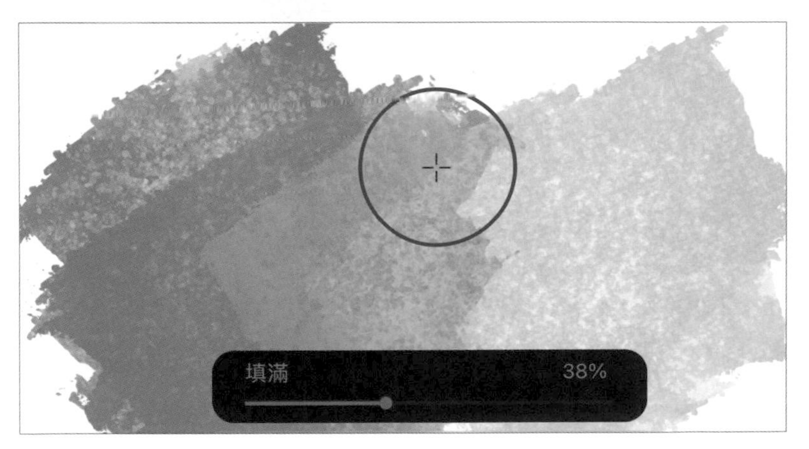

LESSON

快速將黑白照片變成彩色

接著就來練習用填色功能增添色彩吧！除了單純的填色之外，也可以運用這個功能為作品添加豐富的色調。

變換整幅插畫的色調

完成示意圖

練習的重點

這個小練習要帶著你用填色工具一邊思考配色一邊添加色彩。請根據拖曳處的明暗來填色吧！「臨界值」的數值大，可影響整體填色；數值小，可控制局部填色。

① 潤飾照片

這個範例是我用相機拍攝的照片為基礎製作而成的插畫。你也可以用自己的照片來練習，做法是將既有照片處理成單色調之後插入 Procreate，並且用筆刷添加一些筆觸。這個範例我是使用「藝術風格／擦木」筆刷來製作。

② 只用一個圖層

使用填色工具時不需要區分圖層。本例只有使用包含整張畫作的單一圖層。請選取「圖層 1」來練習填色。

③ 挑選整體的主色調

首先決定整幅插畫的主色調。這裡我想營造明亮的感覺，所以將選好的顏色（黃色）拖曳到插畫中的暗色調區域，用手指持續長按畫面，並將「臨界值」放大（往右大幅滑動），即可讓畫中的暗色區域都染上指定的顏色。

POINT »試著製作多種顏色變化來做比較

挑選顏色時，可嘗試多組色調變化，這也是不錯的做法。你可以換成別的顏色來填填看，並反覆撤銷（用 2 根手指點按畫布），嘗試各種顏色後即可從中找到理想的顏色。

④ 在想要有顏色的地方加入許多顏色

想要營造畫中的視覺焦點時，可在該區域降低「臨界值」然後增加大約 3 個顏色，這麼做可以使該區域比周圍的景物更醒目。本例就是用這個方式凸顯畫中的玻璃杯和檸檬，這邊選用的顏色都偏向明亮的淺色。

MEMO

不知道怎麼選顏色時，可試著將顏色面板切換成「調和」模式，用「三等分」或「矩形」的模式來選顏色。

⑤ 替完成的配色取得平衡

添加在玻璃杯等處的顏色如果太過醒目，整幅畫看起來可能會不太協調。因此，我在上方的窗框也塗上類似的顏色，讓整幅畫更有協調感。到此就完成了。你也可以用喜歡的筆刷再潤飾一下。

POINT » 如果填色時有區分圖層，會發生什麼事？

在單一圖層中填色時，會根據色調的變化，形成如左圖般具有濃淡效果的填色。但如果是分別在不同圖層上色，例如用第 6 章「圖層」的「參照」功能在不同圖層上色時，會如右圖般變成沒有濃淡變化的效果。請根據需要的用途靈活運用這兩種效果吧！

Chapter 6

圖層與混合模式

文・Necojita

圖層介面

當你想要將插畫分層上色，或是分成多個物件來編輯時，就可以活用圖層功能。以下將帶著你嘗試「混合模式」或「參照」這類數位繪圖軟體才有的功能。

用圖層區分圖形或填色

使用圖層最主要的目的，是透過分層上色讓上色更漂亮工整，或是把插畫區分成多個部分來編輯。用在設計上也是，只要事先區分好圖層，之後就能夠輕鬆調整配置。

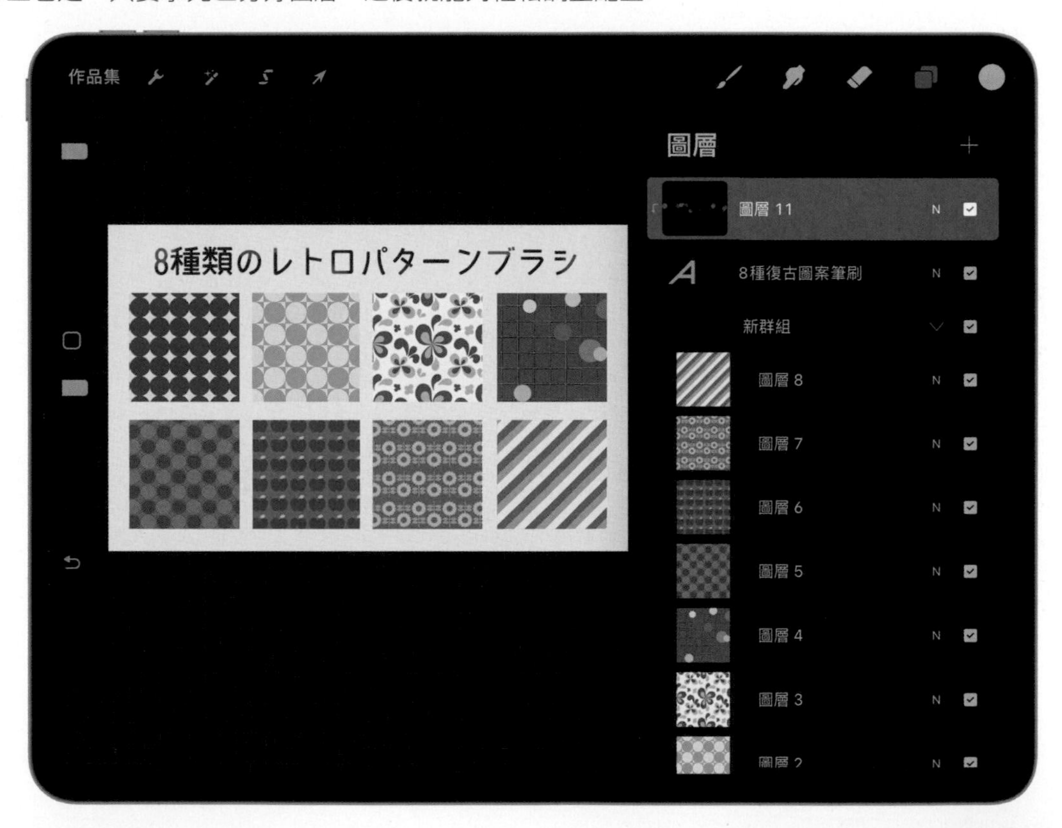

新增與移動圖層

點按圖層面板右上方的「＋」鈕，即可在目前選取的圖層上方新增一個圖層。此外，只要按住圖層拖曳，即可上下移動位置。位於上方圖層中的圖像，在畫布中就會呈現為疊在所有物件上方的樣子。

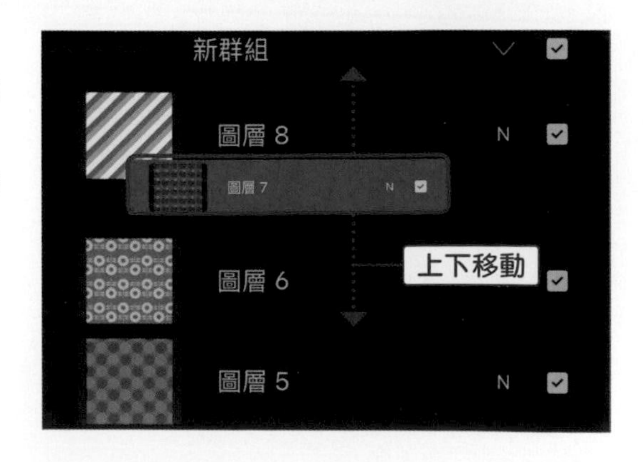

圖層的編輯選單

把圖層往左滑，會出現選單，包含「上鎖」、「複製」、「刪除」這 3 個選項。「上鎖」是將圖層變成不可編輯的狀態，以防不小心刪除了重要的底稿或線稿圖層。

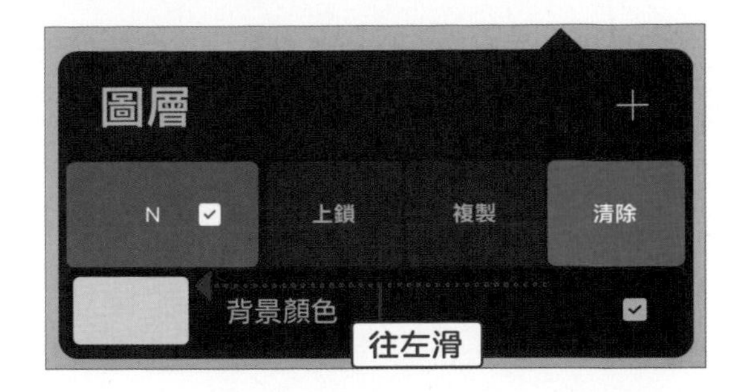

選取圖層

點一下圖層即可選取該圖層，若把圖層往右滑，可以同時選取多個圖層。當你想要同時將多個圖層移動或變形時，不妨利用此功能。已選取的圖層會呈現深藍色（作用中的圖層呈現亮藍色）。同時選取多個圖層的時候，面板右上方會顯示「刪除」和「群組」選項。

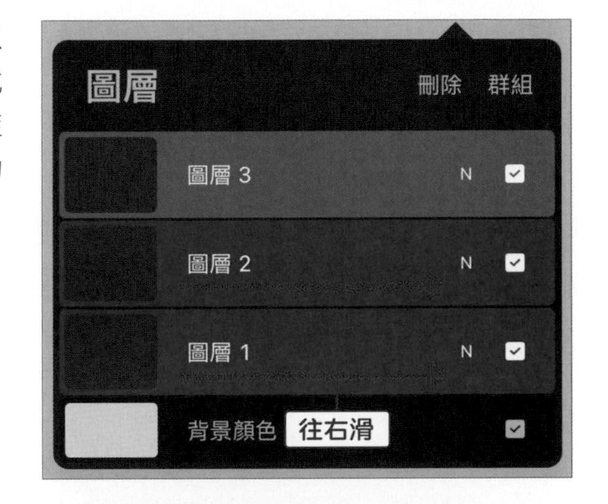

將多個圖層建立為一個群組

圖層增多時，建議分類整合成群組，比較方便管理。選取多個圖層後，點按右上方的「群組」，即可將這些圖層組成一個群組。點按群組右邊的箭頭圖示，可將群組內的圖層收合起來，只顯示該群組的名稱。

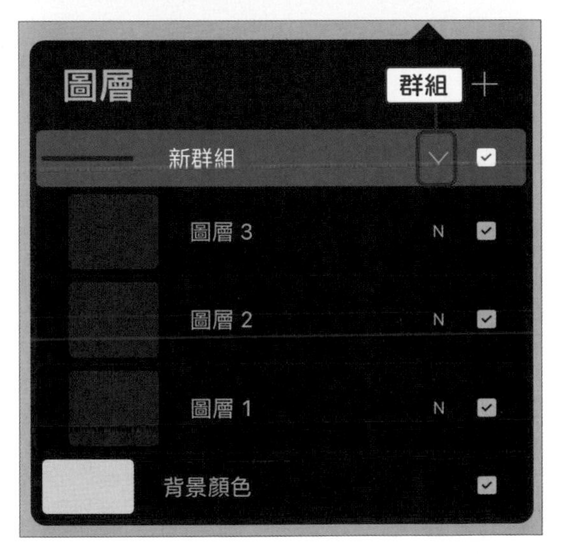

POINT »什麼是圖層？

圖層的意思是「把圖分成多個部分、配置在不同層」。傳統繪畫會將所有內容都畫在同一層、無法分開修改；數位繪畫可以區分圖層，好處就是能分別調整線稿和填色，畫完以後也能隨時調整修正。

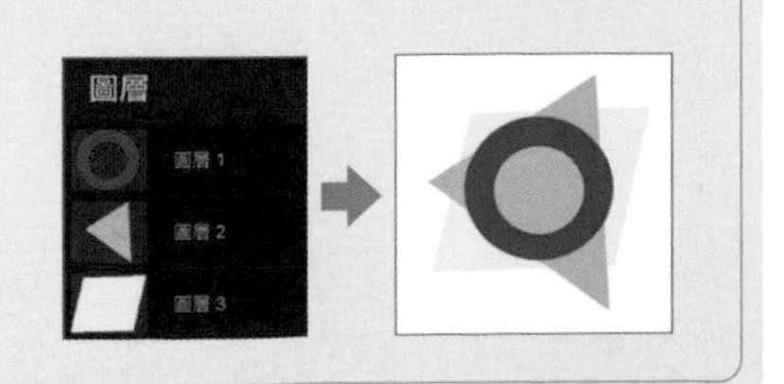

● 使用「參照」功能填色

1 在選取的圖層上按一下，可開啟圖層選單，其中有重新命名圖層、用選取的顏色填滿此圖層等功能。以下要先示範用「參照」功能替線稿上色（你可以匯入自己手邊的線稿來練習），其他功能接下來將會在專屬的章節中為你解說。

圖層選單

2 請點一下線稿所在的圖層，開啟圖層選單後點選「參照」。

● 目前放在圖層 1 的線稿

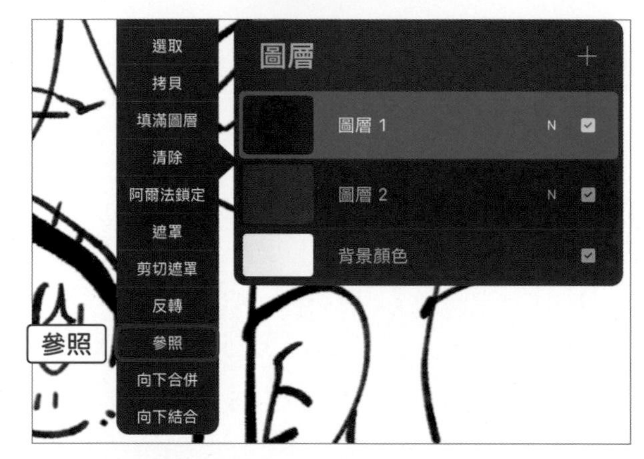

3 被設定為「參照」的圖層，圖層名稱下方會顯示「參照」兩個小字。

4 接著點選非「參照」圖層的其他圖層（本例是選取圖層 2），再用填色工具上色，這時就會自動以「參照」圖層中的線稿為基準來填色（會填色在線稿的範圍中）。

MEMO

當你想要在不影響線稿的情況下填色時，即可活用圖層的「參照」功能。

圖層的「混合模式」和「透明度」

點按圖層右邊的字母「N」就會開啟圖層設定，從中可以變更此圖層的「透明度」和「混合模式」。字母「N」表示目前是套用「正常」混合模式，如果改套用其他模式就會變成對應的字母縮寫。

混合模式的效果

混合模式可讓下方的圖層顯得更深沉或更明亮。「色彩增值（M）」會像疊上一層玻璃紙般將顏色變深；「添加（A）」能夠輕鬆表現出閃耀的光芒；「覆蓋（O）」可用來替線稿添加色調，使其符合整體的用色。以下是部分混合模式的示意圖，請自行嘗試各種效果，從中找到最滿意的模式。

● 正常（N）

● 色彩增值（M）

● 添加（A）

● 覆蓋（O）

● 加深顏色（Cb）

● 強烈光源（VI）

圖層遮罩與阿爾法鎖定

圖層選單中有三個常用功能：「遮罩」、「剪切遮罩」與「阿爾法鎖定」，都可以用來避免上色時超出範圍。請根據用途搭配使用。

將畫好的圖形變成「剪切遮罩」

1 右圖的範例中，已經在「圖層 1」畫了一個蘋果，本例要將蘋果做成剪切遮罩（你可以在圖層 1 畫個圖形來練習）。第一步就是在「圖層 1」上方新增圖層，接著點按新增的「圖層 2」，從圖層選單中點按「剪切遮罩」（點按後會在該項目後面打勾）。

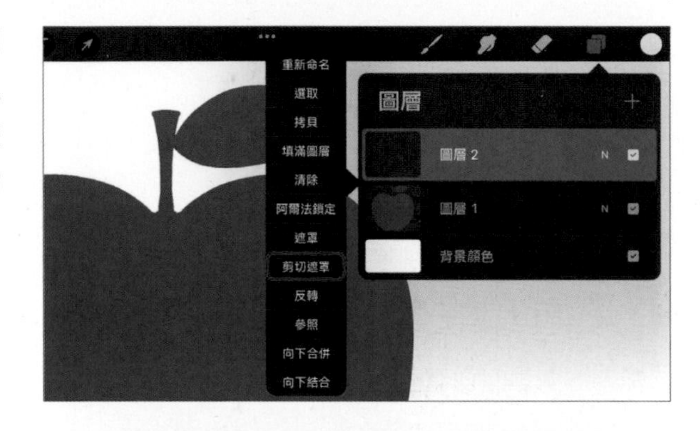

2 建立「剪切遮罩」的「圖層 2」左邊會出現向下的箭頭。

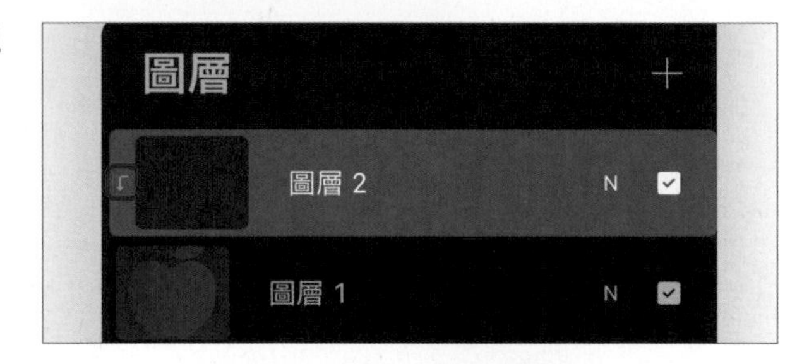

3 在已建立「剪切遮罩」的「圖層 2」中任意塗抹（右圖是用「質感／小數點」筆刷），就會發現不管怎麼塗都不會超出蘋果（剪切遮罩）的輪廓範圍。此功能非常方便，而且「剪切遮罩」還可以同時套用在多個圖層上。

如果要解除「剪切遮罩」，只要開啟選單，點按一下此項目（讓打勾消失）即可。解除後，剛剛遮蔽的內容都會露出來，製作成遮罩的圖形也會恢復原狀。你也可以在移動或調整位置之後，再重新建立剪切遮罩。

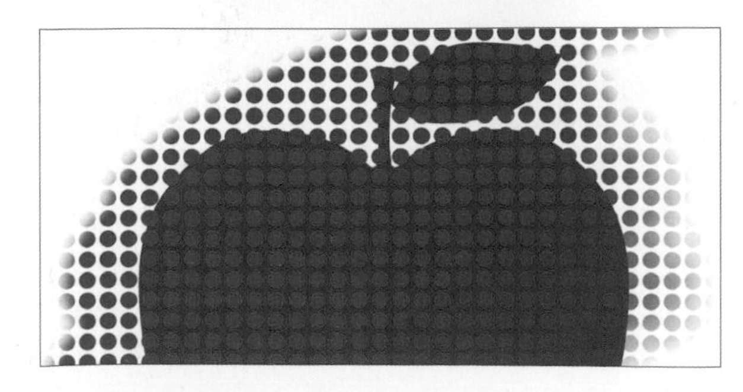

● 替圖層加上「遮罩」來遮住部分內容

「遮罩」功能和「剪切遮罩」不太一樣，是暫時隱藏下方圖像的功能。右例同樣在圖層 1 畫一個蘋果，然後直接開啟圖層選單、點按「遮罩」，會在此圖層的上方新增一個「圖層遮罩」。在「圖層遮罩」中塗黑色的部分會從畫布上消失。若要改變遮罩範圍，只要塗白色就會出現。如果塗灰色則會變成半透明。

MEMO

右圖範例中，是在「圖層遮罩」上蘋果的右上方畫一個黑色的圓，就會讓蘋果變成被咬一口的形狀。

● 替圖層套用「阿爾法鎖定」鎖住透明區域

「阿爾法鎖定」功能會替圖層中沒有上色的部分（透明區域）建立遮罩，讓透明區域變成無法上色的狀態。右例是在畫了蘋果的圖層 1 上按一下、套用圖層選單中的「阿爾法鎖定」，就會讓蘋果以外的區域都變成無法上色的狀態。

由此可知，套用「阿爾法鎖定」的圖層可以避免上色超出範圍，而且超出範圍的部分就消失了。「剪切遮罩」雖然功能類似，但在解除遮罩之後可以恢復被遮蔽的內容。

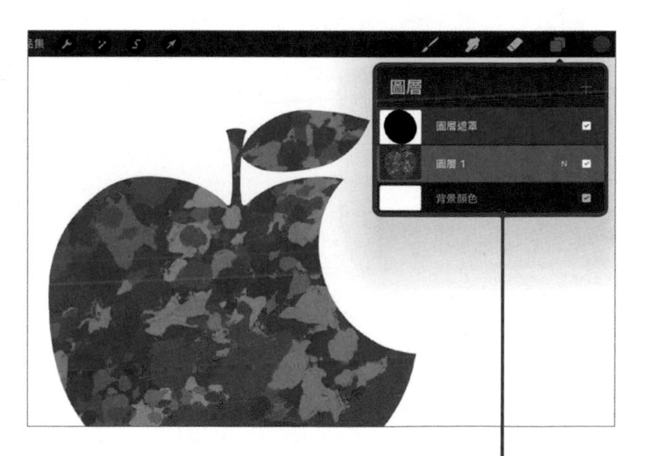

若套用了「阿爾法鎖定」，圖層縮圖的背景就會變成深色格紋圖案

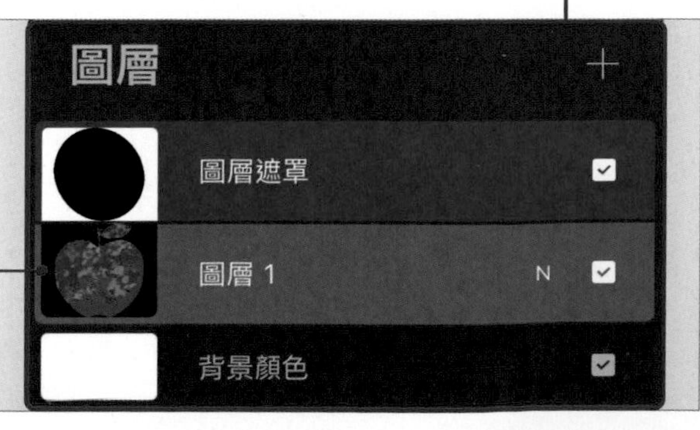

MEMO

快速鍵：在圖層上用 2 指往右滑動可快速套用「阿爾法鎖定」。再滑一次即可解除。

LESSON

練習用「參照」功能上色

利用「參照」功能，可保留線稿的原貌，將顏色塗在別的圖層上。為了保險起見，建議先將線稿圖層「上鎖」。

練習用檔案
queen.procreate
檔案大小：4.9MB

將線稿指定為「參照」圖層的上色練習

完成示意圖

練習的重點

在 P.060 有學過，當你需要在線稿上著色，「參照」是很好用的功能，不僅可以在上色時保護線稿，而且只要隨時調整填色工具的「臨界值」，就能得到理想的上色結果。不過要注意的是，Procreate 一次只能設定一個「參照」，因此請記得先將線稿整合到單一圖層中。

① 將線稿圖層建立為「參照」圖層

請開啟練習用檔案的圖層面板，並點選「線稿」圖層。此圖層雖然已上鎖，不過仍有部分的選單功能可以使用。請點按「線稿」圖層顯示選單，從中點選「參照」。

② 以參照為基準進行上色

接著要在「參照」圖層下方準備好的圖層 1～4 分別練習上色。首先請點選「圖層 1」，如圖在臉部和手等區域填入白色。

> **MEMO**
>
> 範例檔案中已經事先設定了「繪圖輔助」，只要你塗上半部，就會同步完成下半部的填色。詳情請參照第 9 章。

③ 依照顏色區分圖層

雖然只有一個圖層能夠設定「參照」，但是以參照為基準來上色的圖層可以有很多個。接下來請點選「圖層 2」，然後在顏色面板選取紅色，並將顏色圖示拖曳到指定的部位（色彩快填）。

④ 使用「色彩快填」功能連續填色

使用「色彩快填」功能填色時，畫布上方會顯示「繼續填滿」鈕，只要按一下「繼續填滿」鈕，即可用目前的顏色（紅色）連續填色（不必再重複拖曳顏色圖示）。在想要填色的範圍內按一下，即可快速填入相同的顏色。本例就運用此功能，替所有紅色的部位快速填色。

⑤ 細節部分用選取的方式填色

比較細微的部分，可以將畫面放大，選取指定範圍來填色。請點按左上方的選取工具，如圖切換成「徒手畫」模式，在圖上框選出要上色的範圍，再點按下方的「顏色填充」鈕，最後按「添加」鈕，即可填入顏色（關於選取工具，第 7 章會有詳細的教學）。

⑥ 完成分區填色

分別替「圖層 3」填入藍色、並在「圖層 4」填入黃色，到此就完成分區填色的工作。

⑦ 在填色以外的區域描繪細節

最後用筆刷描繪眼睛及眼影的色彩。本例是使用「著墨／畫室畫筆」筆刷。

⑧ 變更線稿的顏色即可

最後請在已上鎖的「線稿」圖層上方新增圖層，然後從圖層選單中點按「剪切遮罩」。接著請在顏色面板點選暗紅色，再按一下開啟圖層選單並點按「填滿圖層」項目，把所有的線稿變成暗紅色，到此就完成了。

Chapter

7

選取工具與變形工具

文・Necojita

選取工具

左上方工具列的選取工具可以框選範圍，以便移動或變形，選取時會以虛線表示範圍。決定變形範圍之後，範圍以外的部分會加上「遮罩」，並以斜線表示。

認識選取工具面板

點按畫面左上角的選取工具，會開啟選取工具面板，其中包含「自動」、「徒手畫」、「長方形」、「橢圓」這 4 種模式，讓你框選要選取的範圍。已選取的範圍內是可編輯的部分，選取範圍以外的部分則會呈現被斜線覆蓋的「遮罩」狀態，無法繪圖或更動。按面板右下方的「清除」則可以取消選取範圍。

選取工具

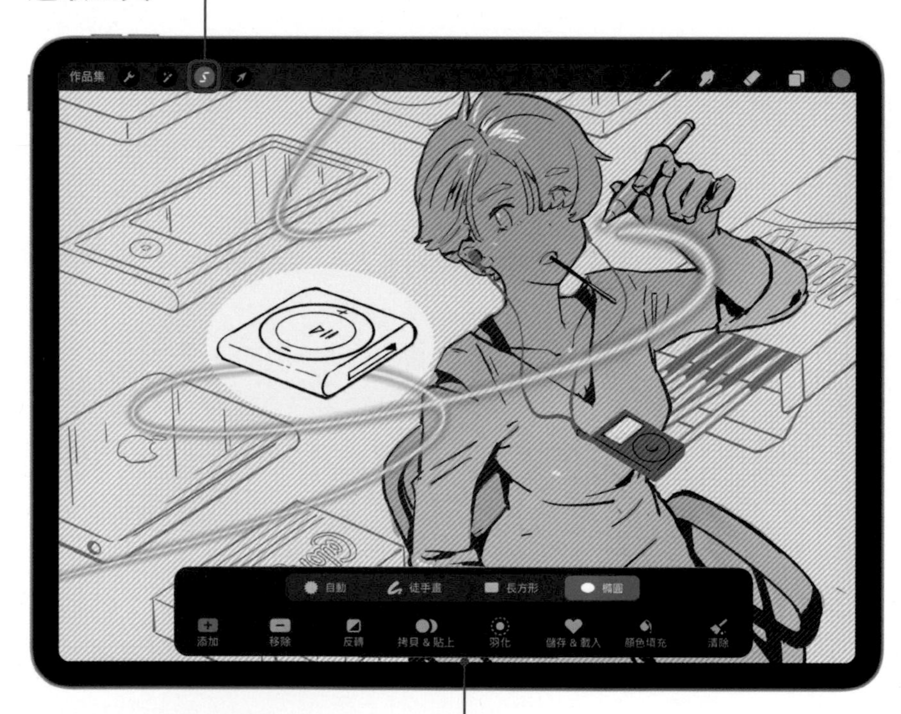

用斜線表示的遮罩範圍

※ 編註：前面第 6 章有練習過用選取工具填色，當時已在面板中選擇「顏色填充」(使該項目變成藍色)。若你發現圈選處都會自動填色，請按一下取消該項目即可。

選取工具面板

靈活運用 4 種選取模式

❶ 自動

「自動」模式可以自動選取與點按處色調近似的範圍。切換到此模式後，請在畫布點按要圈選的地方，接著在畫布上左右滑動，即可調整選取範圍的「臨界值」。選取的候補範圍會呈藍色（或是目前背景顏色的相對色）。

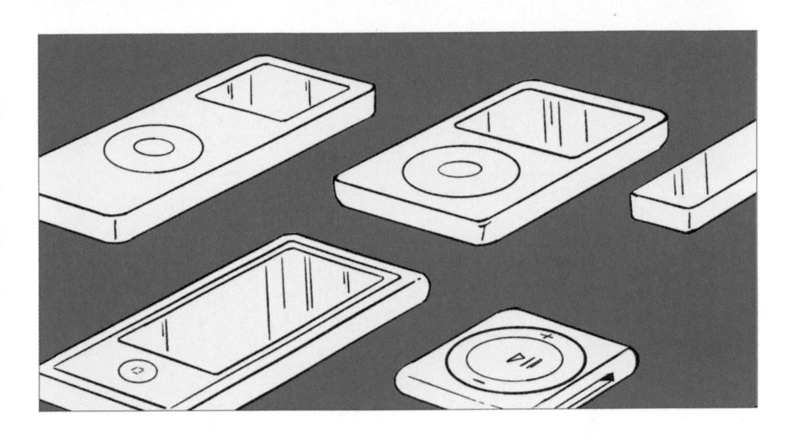

❷ 徒手畫

利用手指或筆畫出的虛線來決定選取範圍。以灰色圓點為起點，繪製結束時會自動封閉虛線並決定選取範圍。若你在多個地方點按，會將這些地方連起來，建立成多邊形的選取範圍。

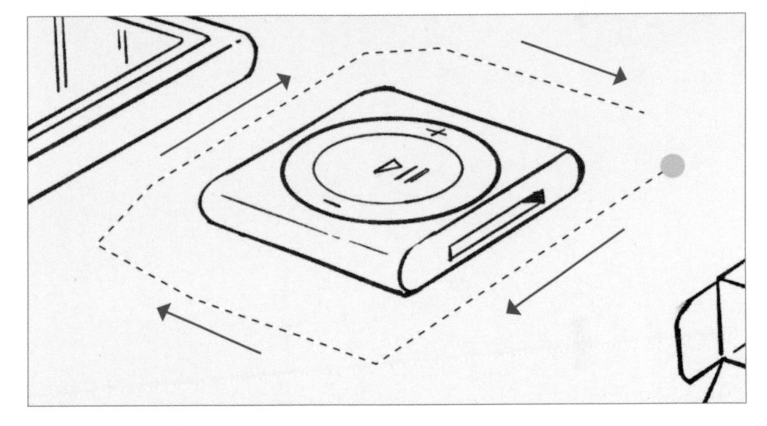

❸ 長方形・❹ 橢圓

可用手指或筆拖曳出長方形或橢圓形的選取範圍。如果有先開啟下方的「顏色填充」功能，即可用目前顏色輕鬆繪製長方形或橢圓形。想要繪製大量圖形時，這是相當好用的功能。

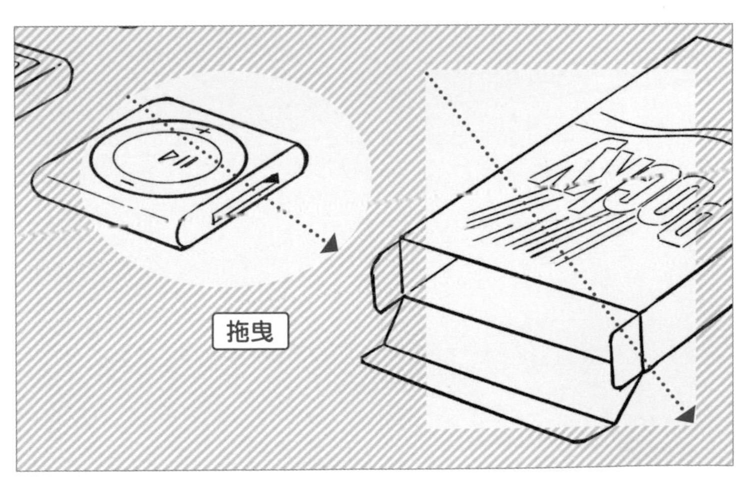

調整選取範圍

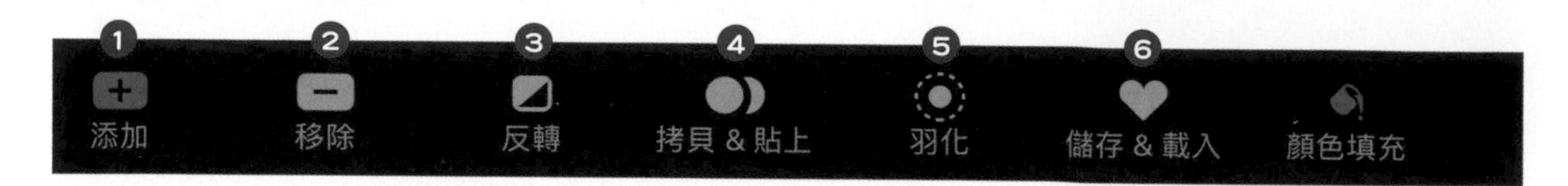

❶ 添加・❷ 移除・❸ 反轉

選取範圍後，按這 3 個按鈕可以添加、移除、反轉目前的選取範圍。選取範圍以外的區域，會覆蓋一層會動的斜線，如果你覺得看起來刺眼，可執行「操作／偏好設定／選取範圍遮罩可見性」命令來調整。

❹ 拷貝 & 貼上

選取範圍後，按下此鈕，可以拷貝選取範圍內的圖像，同時自動貼上到新的圖層 (新圖層會自動命名為「從選取範圍」)。當你想要把一個圖層內的圖像切割到多個不同圖層時，便可以利用此功能。

❺ 羽化

用選取工具所選取的範圍，都會呈現銳利的邊緣，就像是用剪刀剪出來的形狀。如果你想要讓選取的邊界變得模糊或平滑，可調大「羽化」數值。

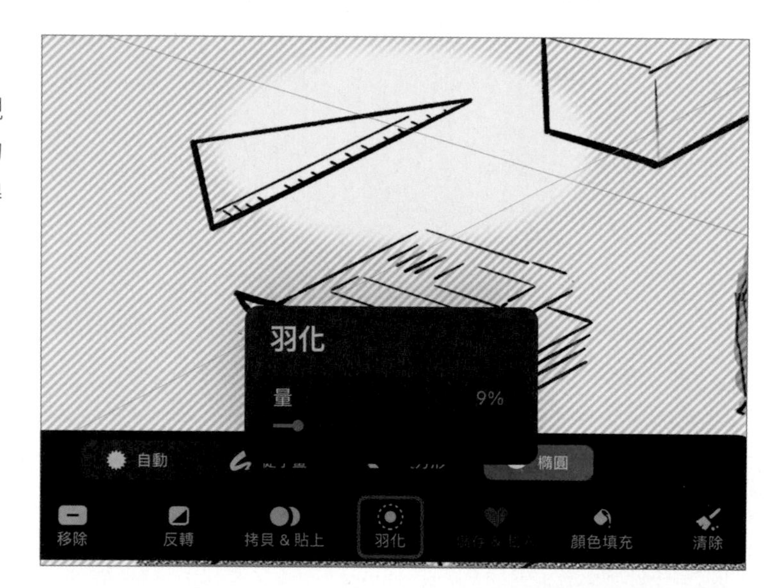

❻ 儲存 & 載入

選取範圍後，按這個按鈕，即可開啟「選取」面板，點按面板右上角的「+」鈕，即可儲存這個選取範圍 (會自動命名為「選取 1」)。你可以在此面板中儲存多個選取範圍，以便隨時套用。要載入選取範圍時，只要按下「儲存 & 載入」鈕開啟「選取」面板，再按一下範圍的名稱即可。

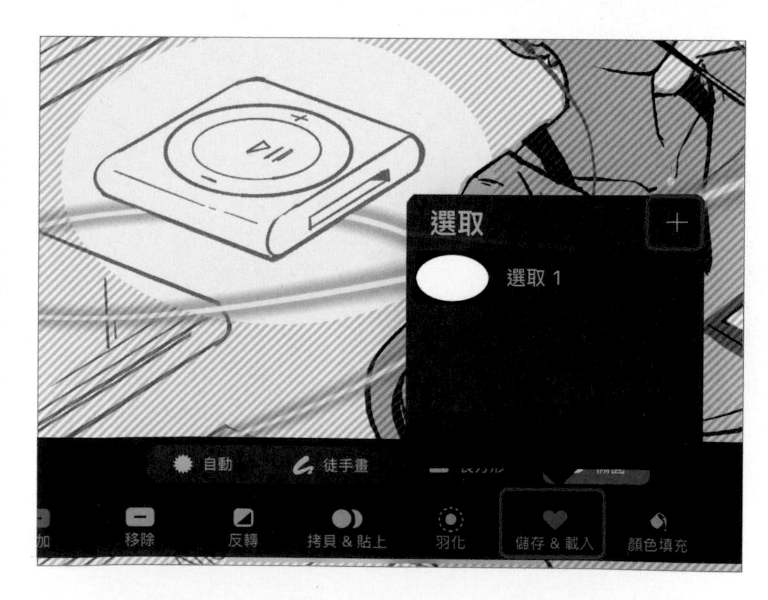

在選取範圍內填色

選取範圍之後，只要點按面板中的「顏色填充」鈕，就會立刻填入目前所選的顏色。當你想要用「長方形」或「橢圓形」迅速繪製圖形，或是要在範圍內均勻填色時會很好用。

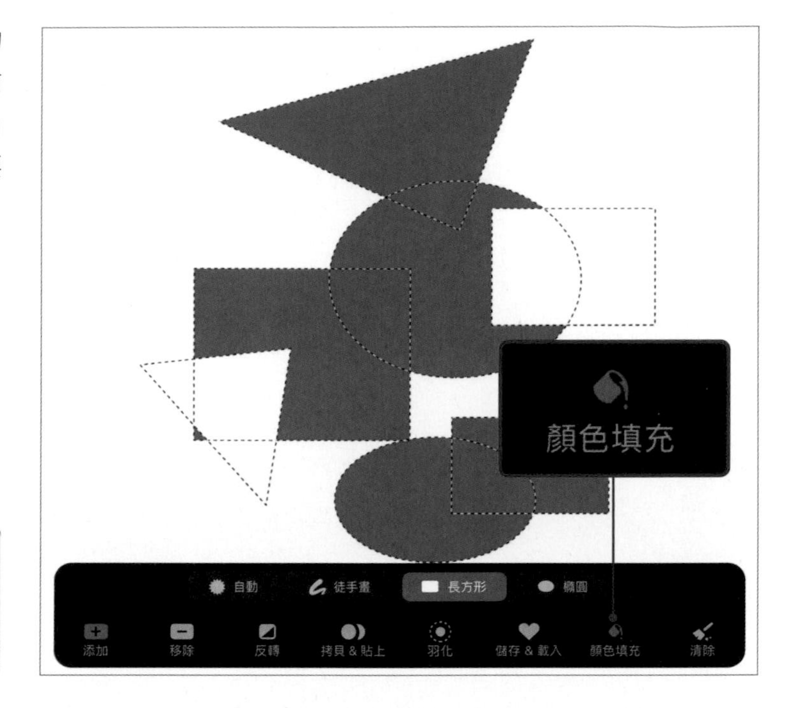

MEMO

在調整選區的過程中，即使啟用了「顏色填充」，仍可以隨時切換成「添加」、「移除」、「反轉」。

從圖層選單選取「整個圖層」

如果要選取整個圖層的內容，更快的方法是從圖層選單來選取。請先點按圖層，然後按圖層選單中的「選取」項目，即可自動選取此圖層中所有的繪圖區域，並且會同時開啟選取工具面板讓你進一步編輯選區。

MEMO

從圖層選單中點按「選取」之後，如果新增一個圖層，並且在新圖層開啟選單、點按「遮罩」，即可將目前的選取範圍建立成遮罩。

變形工具

變形工具有4種模式，各有適合的用途。只要學會如何使用，你也能用Procreate完美地配置或變形圖像。

認識變形工具面板

按一下左上方工具列的「變形工具」鈕，目前的圖層內容就會加上一個虛線框，稱為「變形框」，這時可以移動或變形。虛線框的四個邊角與中央有藍色的點（變形點），都可以用滑鼠拖曳與移動位置。

4種變形模式的用法

❶ 自由形式

可將藍色變形點往垂直或水平方向拖曳，自由地調整尺寸。適用於單色的四邊形或圓形這類即使變形也不易察覺的圖像。

❷ 均勻

如果只想移動或改變圖像大小，建議使用「均勻」模式，無論調整哪一個變形點都不會改變比例，不必擔心扭曲變形。這是變形工具的預設模式。

❸ 扭曲

此模式不限於垂直或水平方向，可以自由地變形或傾斜圖形。此模式適合用來將物件傾斜變形，或是如圖變形成具有遠近感的透視效果。

❹ 翹曲

切換到此模式時，變形框會變成格狀框線，稱為「網格」。選取「網格」後，點按面板左下方的「進階網格」鈕，會從網格的交叉處延伸出線段，即可自由控制這些線段來變形。

● 拖曳「旋轉點」並使用鍵盤控制變形

拖曳「旋轉點」來旋轉物件

「旋轉點」是接在變形框上方的綠色點，按住它並往左右拖曳，即可將物件任意旋轉。

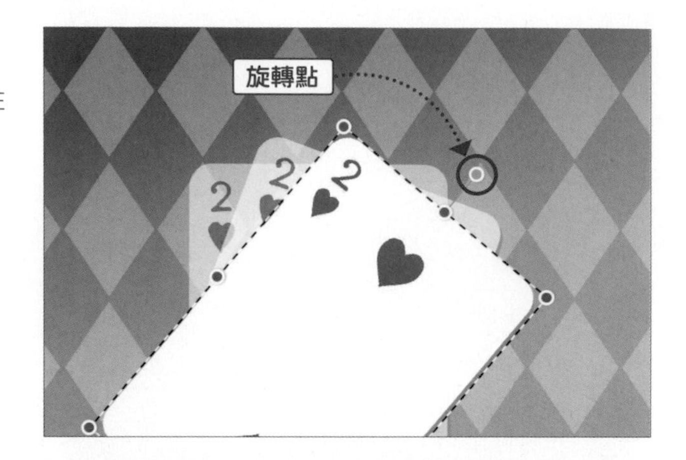

用鍵盤輸入旋轉角度

如果想精確地旋轉物件，請點按「旋轉點」，會出現數字鍵盤讓你輸入數值（角度），這樣就能旋轉到指定的角度。鍵盤中的數值可輸入到小數點第一位。

> MEMO
>
> 旋轉方向預設是逆時針，按「±」鈕可切換成負數，設定為負數即可往順時針旋轉。

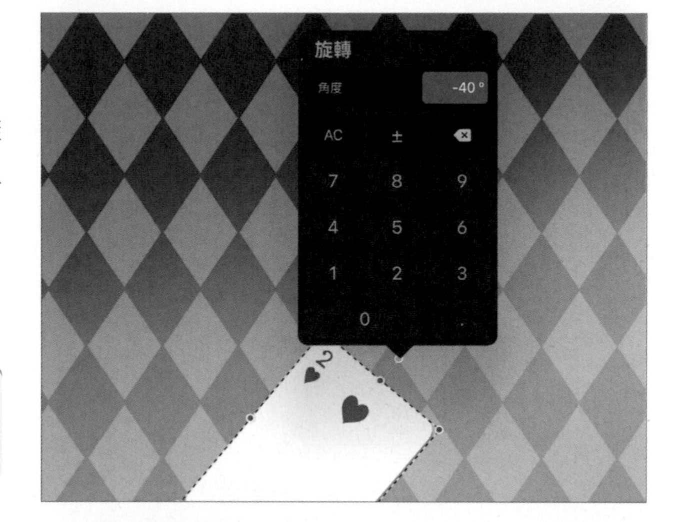

輸入自訂數值來重新調整尺寸

藍色的點除了拖曳變形之外，也可以比照上述方式，在藍色變形點上點一下，開啟「規格」鍵盤來輸入數值，重新調整物件的尺寸。請在左欄輸入寬度，右欄輸入高度。如果鎖鏈圖示呈現藍色（如圖❶），表示會固定長寬比例；若在鎖鏈圖示上點按一下將它解除（如圖❷），則可以根據輸入的數值來變形。

❶ 鎖鏈圖示表示固定比例　❷ 解除中

將物件拖曳、移動到任意位置

想要移動圖形時，只要按住並拖曳，即可移動到畫布的任意位置。請注意按住的位置在「旋轉框」的外面或是裡面都可以，但請不要按到變形點，以免變成「變形」。

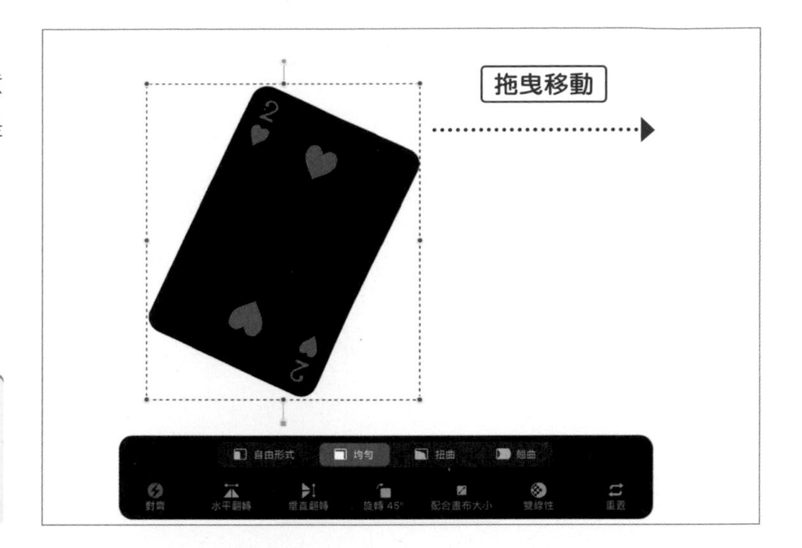

MEMO

你也可以用筆尖或手指在選取範圍的外面點按，每按一下，物件就會往該方向移動 1 個像素。

將物件對齊

想要將物件整齊排列時，請點按面板左下方的「對齊」鈕，並在「設定」面板打開「對齊」功能。在此狀態下移動圖形，會顯示參考線，當你移動到參考線附近時，會自動吸附到參考線上。如果再開啟「磁性」功能，則會限制移動範圍。

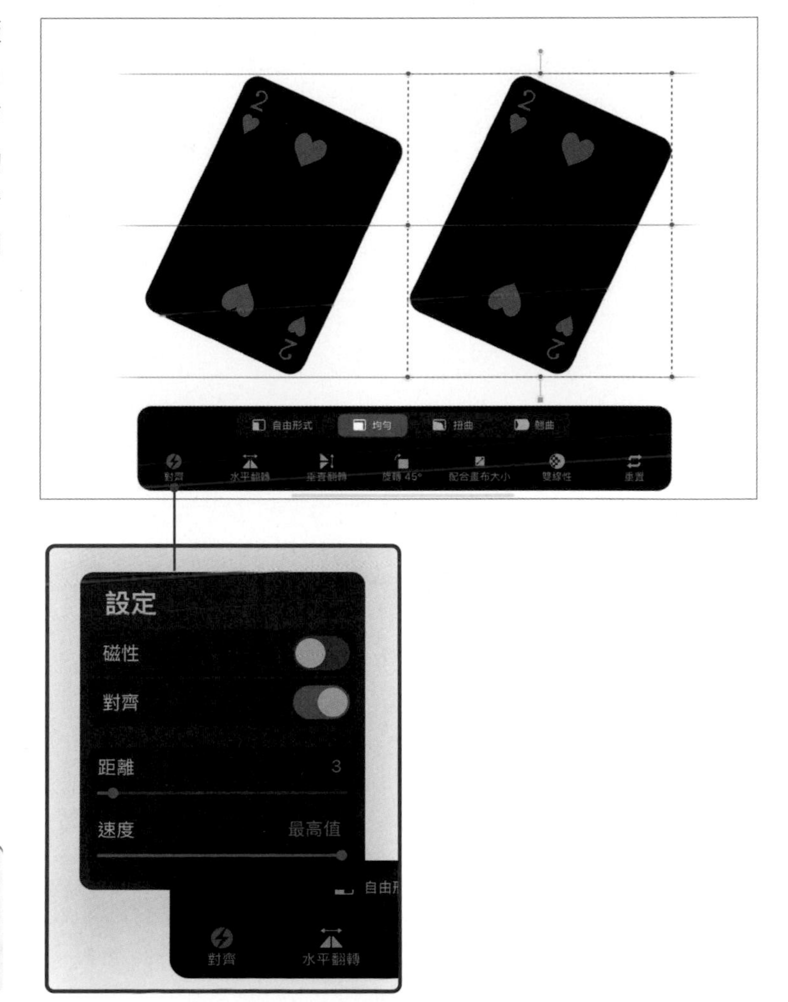

MEMO

畫布上的參考線有不同顏色，藍色的參考線表示圖形的邊緣或中心，黃色的參考線表示畫布的中心。

LESSON

為插畫增添透視感

以下的練習要試著根據人物的動作來變形文字，讓文字更有透視感。我們會使用複製的圖層來練習，讓你放心地嘗試。

用變形工具調整文字的形狀

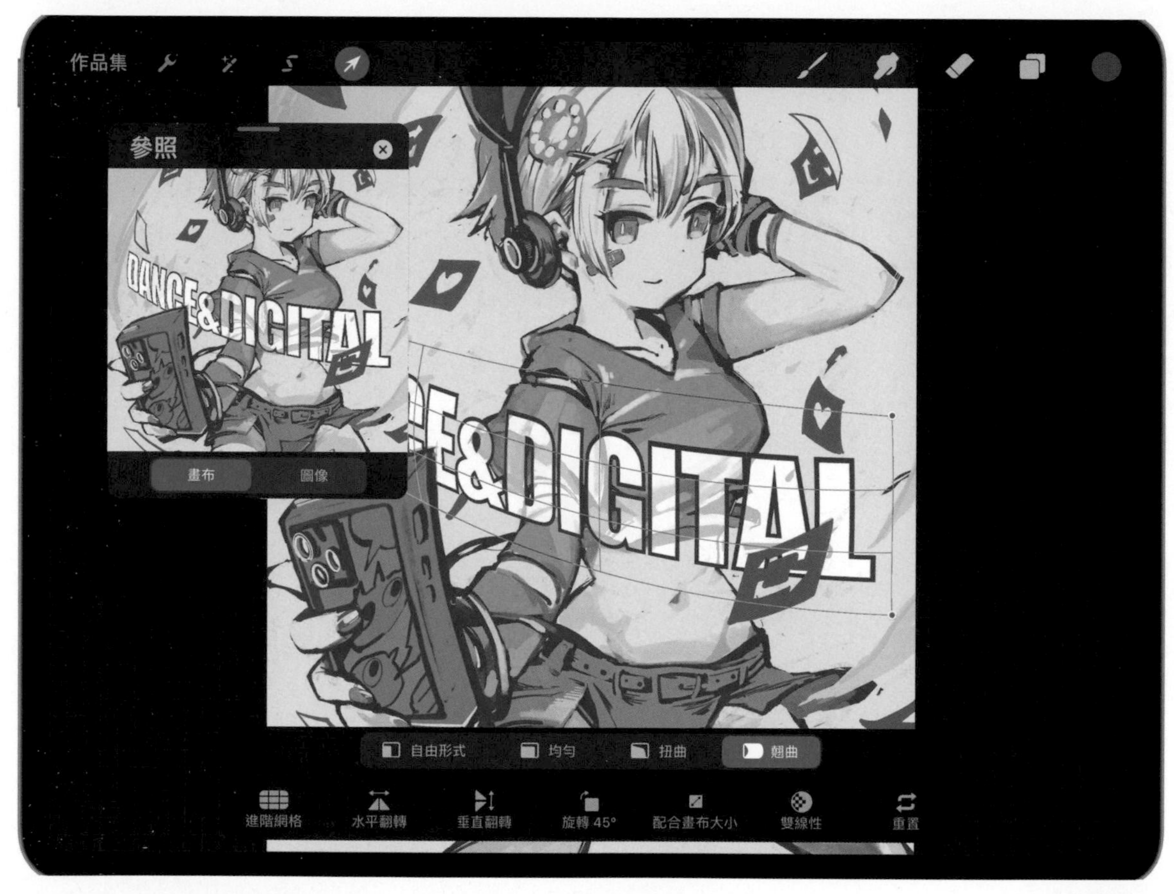

完成示意圖

練習的重點

本例要使用變形工具的「扭曲」模式將文字變形，做出具有透視感的效果，即可讓整張插畫更有魄力。此外，若搭配運用「翹曲」功能，可讓文字沿著曲線扭曲變形。請靈活切換變形模式，設法調整成滿意的形狀吧！

① 選取文字圖層

首先開啟圖層面板，點選「文字」圖層群組。

MEMO

在文字群組內的文字圖層中，這些文字在變形之前仍可以自由變更文字內容。

② 切換到變形工具

從左上方工具列點選變形工具（箭頭圖示）。

③ 確認變形框

切換到變形工具之後，此圖層內的圖像會被稱為「變形框」的虛線框住。本例是文字呈現被虛線框住的狀態。

④ 用「扭曲」變形

把變形工具面板切換為 ❶「扭曲」模式，然後將「變形框」右邊正中央的藍色點（變形點）❷ 按住並往下拖曳。

⑤ 繼續用「扭曲」變形

接著繼續用「扭曲」模式，按住變形框右下角的點並往下大幅拖曳，文字就會有透視變形效果。

MEMO

透視感(或稱為遠近感)是藉由遠處小、近處大的變形，來表現出畫面的前後差異。

⑥ 切換到「翹曲」模式進一步變形

接著把變形工具面板切換成「翹曲」模式，就會出現稱為「網格」的格狀線框。

如圖按住「網格」中間的位置並拖曳。我們要將「網格」調整為中間一帶鼓起，並往左下方突出的樣子。

⑦ 切換到「均勻」模式調整大小

最後把變形工具面板切換成「均勻」模式，調整文字的大小與位置。請將文字移到遮住手機邊角的位置，並且稍微放大。到此就完成了。

⑧ 點選「插畫」圖層

完成文字的變形之後，接著還要製作插畫的堆疊層次。請開啟圖層面板，並點選「插畫」圖層。

⑨ 用選取工具複製局部圖像

請切換到選取工具，然後 ❶ 用「徒手畫」模式框選手機的局部（與文字重疊的部分），接著❷按下選取工具面板的「拷貝＆貼上」鈕。

MEMO

你也可以用快速鍵，以三指往下滑開啟「拷貝＆貼上」面板，其中也有複製＆貼上的功能。

⑩ 把拷貝的圖層往上移動就完成了！

最後開啟圖層面板，把名稱為「從選取範圍」的圖層（也就是剛剛「拷貝＆貼上」的內容）移動到文字群組上方，即可將手機邊角移到文字前面。請再比照相同的步驟，把畫面右邊的紫色圖示也調整為疊在文字上方的狀態。到此就完成了！

LESSON

拼貼包裝盒

這個練習我們要用「對齊」功能來拼貼包裝盒。只要以參考線為標記，即可以像素為單位，將圖像精準地變形或移動。

用「對齊」和參考線將變形的形狀對齊

完成示意圖

練習的重點

本例我們要活用變形工具的 3 種模式，將一張產品標籤貼到餅乾盒上面。「對齊」功能所顯示的參考線是藍色的線，請注意此參考線來貼合對齊。

① 選取圖層

點按右上方的「圖層」圖示開啟圖層面板，從中點選「包裝」圖層。接著請點按變形工具，就會將整個包裝圖用變形框包圍起來。

② 使用變形工具的「均勻」模式移動

先將變形工具面板切換到「均勻」模式，如下將包裝圖與餅乾盒對齊。首先，請將包裝圖左下角移到對齊餅乾盒邊角的位置。

當你將包裝圖移動貼附到餅乾盒下緣的線條時，會顯示藍色的參考線並對齊（吸附）。

先放大顯示畫布，會比較容易確認參考線。

③ 調整尺寸

接著將變形工具面板切換成「均勻」模式，要讓包裝圖的尺寸符合餅乾盒。請把包裝圖右上方的藍色圓點往左下拖曳，即可縮小尺寸，請如圖讓包裝圖的左上角也和餅乾盒邊角對齊。

④ 切換成「扭曲」模式

接著再把變形工具面板切換成「扭曲」模式。

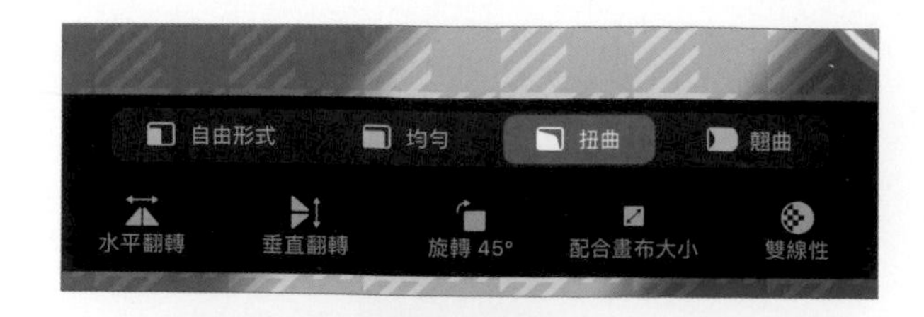

⑤ 對齊包裝圖的右邊

這次要讓包裝圖的右邊貼齊餅乾盒。請將包裝圖右邊中間的藍色變形點往內側移動，讓包裝圖的寬度符合餅乾盒的尺寸。若你發現無法移動，請將面板左下角的「對齊 / 磁性」項目關閉。

⑥ 對齊上下的邊角就完成了！

最後，拖曳變形圖右邊上下的藍色變形點，使它貼合餅乾盒的邊角。你可以一邊注意參考線一邊調整。到此就完成了！

MEMO

參考線是參照各圖層中的繪圖內容來顯示的。在這個練習範例中，我們有預先在「餅乾盒」圖層群組中準備了做為參考線的圖形。

Chapter

8

調整工具

文・Necojita

用調整工具修飾作品

Procreate的調整工具中備有「色彩平衡」、「雜訊」等15種修圖功能，可活用在替插畫添加特效、圖像的編修與調整色調等用途。

調整工具的介面

Procreate 的介面總是十分簡潔，因為功能都藏在選單內，你必須點按畫面左上方的「調整工具」鈕，才會顯示調整工具選單。每種調整功能的操作方式略有不同，有些會顯示介面讓你調整，有些功能則是只要在畫面上左右滑動手指，即可調整效果的強度。在調整過程中，也可以隨時縮放畫布來確認效果。

調整工具的編輯畫面

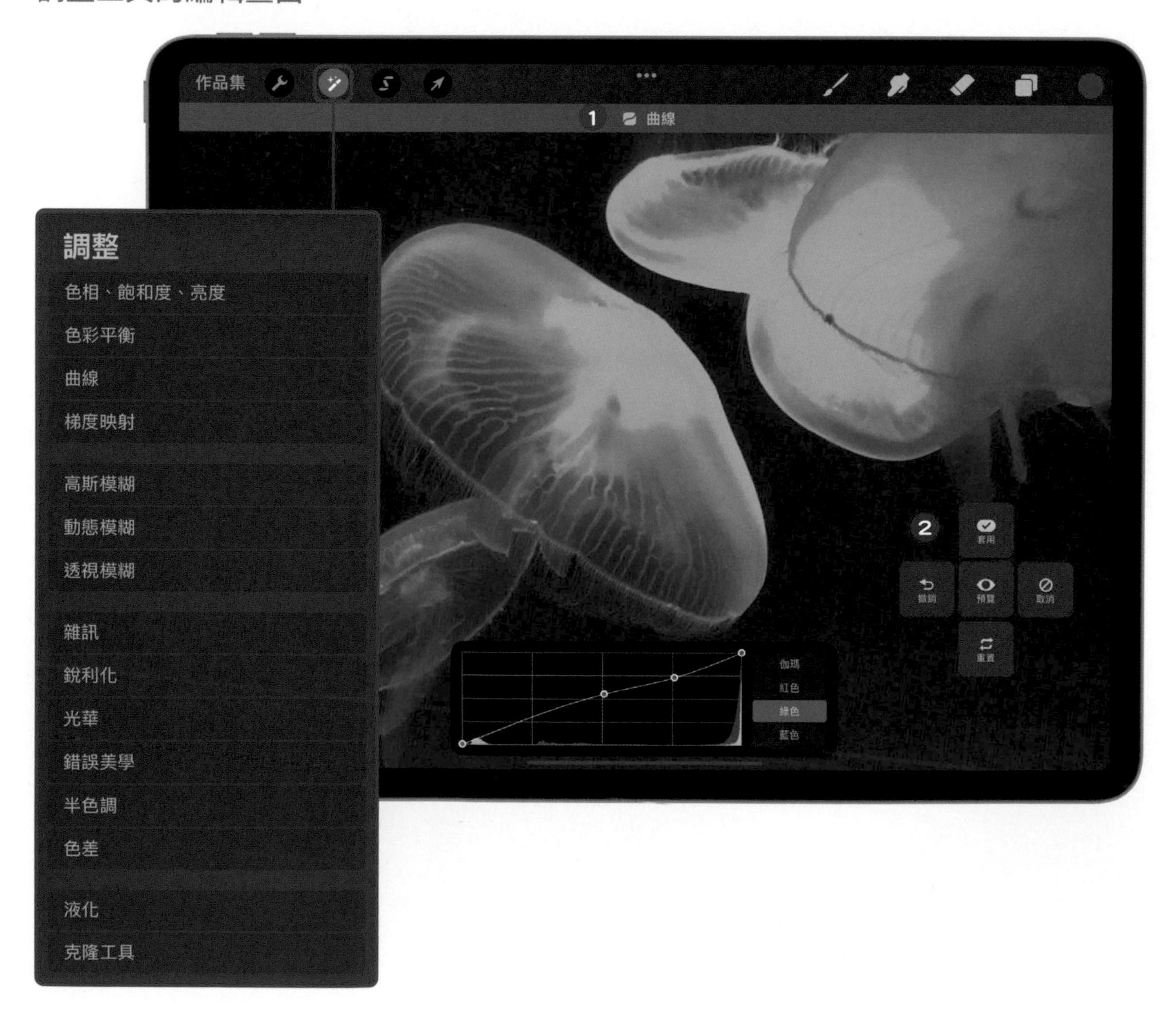

調整工具的基本操作

有些調整工具可直接用手指（或筆尖）調整。調整時，用手指在畫面上（任意位置）左右滑動，即可調整效果的強度。畫布上方也會顯示目前使用的效果和調整值的百分比，可在調整的同時參考數值。

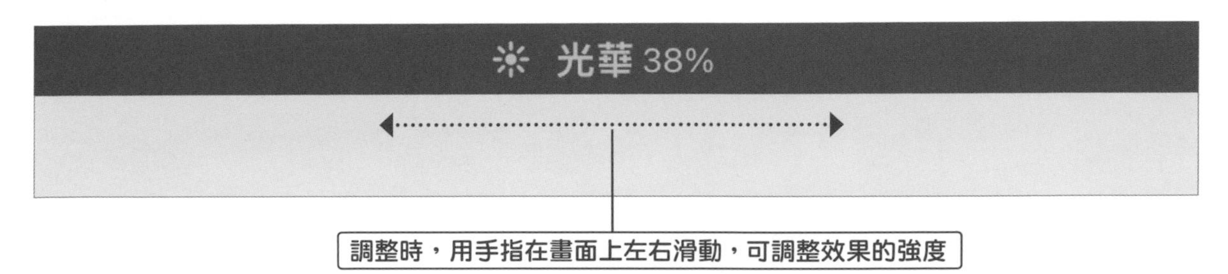

❶ 圖層與 Pencil

使用任一種調整功能時，都會在畫布上方的通知列顯示功能名稱（右圖是以「曲線」為例）。若按下名稱右邊的三角形按鈕，會顯示「圖層」與「Pencil」鈕，可以切換套用模式。若選「圖層」會將效果套用到整個圖層上，若選「Pencil」則可以讓你自行繪製出要套用的範圍。

❷ 效果的套用與重設

使用調整工具時，若用手指點一下畫布，會顯示右圖的選單，包含以下項目。

- 套用：套用效果並結束編輯
- 預覽：按住此鈕可以和套用前做比較
- 重置：回復到最初的狀態
- 撤銷：回復到前一個步驟
- 取消：回到未套用的狀態並結束編輯

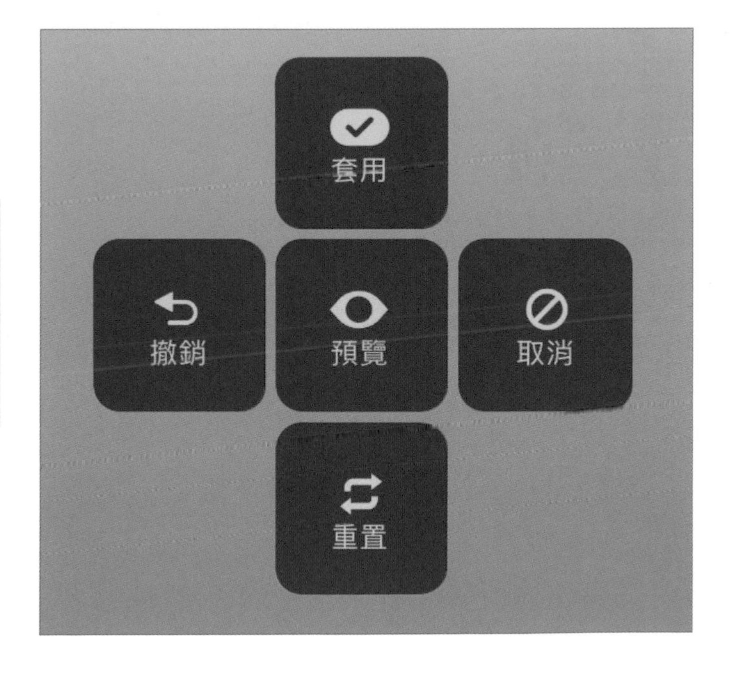

調整顏色

色相、飽和度、亮度

執行「調整／色相、飽和度、亮度」命令，可分別調整圖像的色相、飽和度、亮度。

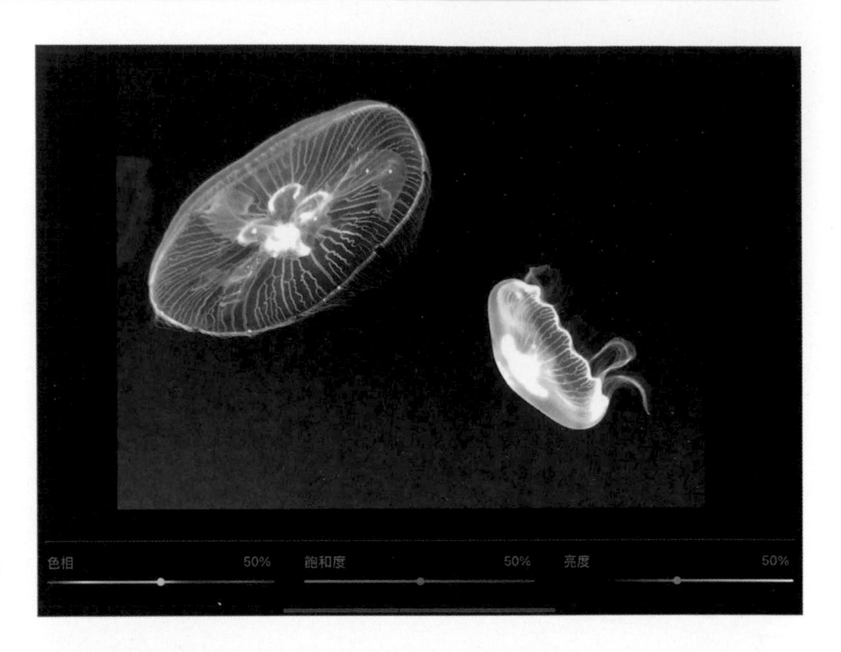

色彩平衡

此功能可調整陰影、中間調、亮部的色調（按下滑桿最右側的按鈕可以切換）。

曲線

此功能可顯示色調曲線面板來調整色調。

用「梯度映射」功能套用漸層色調

執行「調整／梯度映射」命令會開啟「梯度庫」，其中有多種漸層色調可套用。亦可將黑白圖像套用成喜歡的配色（可參考 P.096~P.098 的範例）。

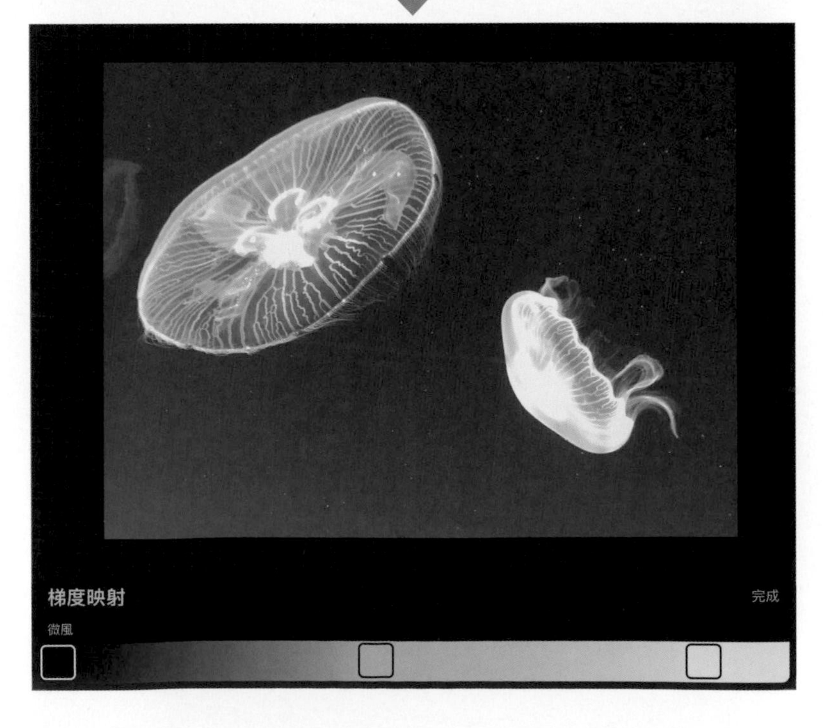

調整「梯度映射」的色點

在「梯度庫」按一下漸層色調即可套用，如果再按一下套用的色調，還能展開該漸層色來自訂。在展開的漸層色帶上會有許多稱為「色點」的方塊，你可以拖曳移動這些「色點」來改變漸層色，亦可在色帶上按一下，增加新的色點來改變漸層色（長按色點即可刪除）。

模糊效果

高斯模糊

執行「調整 / 高斯模糊」命令，即可將圖像變模糊(可用手指在畫布上左右滑動來控制模糊的程度)。此功能可以營造遠近感(將遠處的景物變模糊)，或是將插畫的局部變模糊。

●高斯模糊

動態模糊

執行「調整 / 動態模糊」命令，會在畫面上依手指滑動的方向產生如同晃動般的模糊效果，也就是有方向性的模糊效果。可用來替圖像營造動態感。

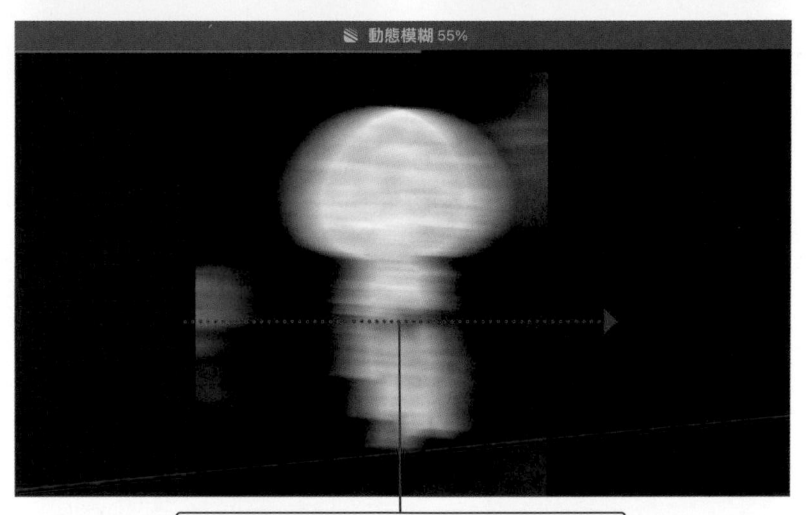

會往手指滑動的方向產生晃動模糊效果

透視模糊

執行「調整 / 透視模糊」命令，會以畫面上顯示的灰色圓盤為中心，向外側增強模糊效果。你可以任意移動圓盤的位置，以改變模糊的中心點。

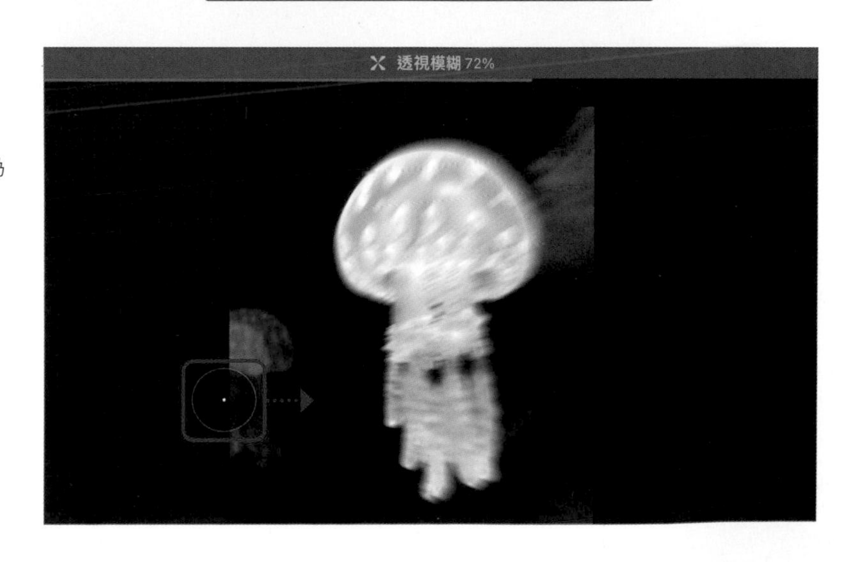

銳利化、雜訊、光華效果

銳利化

此功能可加強圖像細部對比，讓圖像看起來更加清晰。如果套用在大尺寸圖像，效果可能會不夠明顯；如果套用在網路分享用的小尺寸圖像，效果會比較明顯。

●原圖

●調整後

雜訊

執行「調整 / 雜訊」命令會開啟「雜訊」面板，可以替圖像增添粗糙效果，在圖像上覆蓋類似螢幕的雜訊，或是加上紙張般的質感。點按「雜訊」面板最右邊的「通道」鈕，可以切換雜訊色彩，「單一」是指黑白雜訊；「多」則是彩色雜訊。

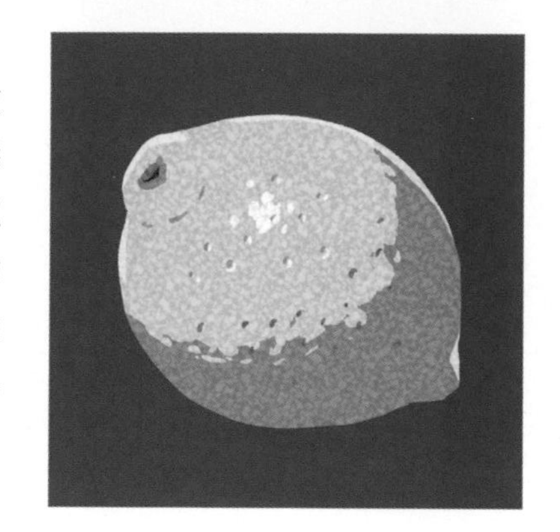

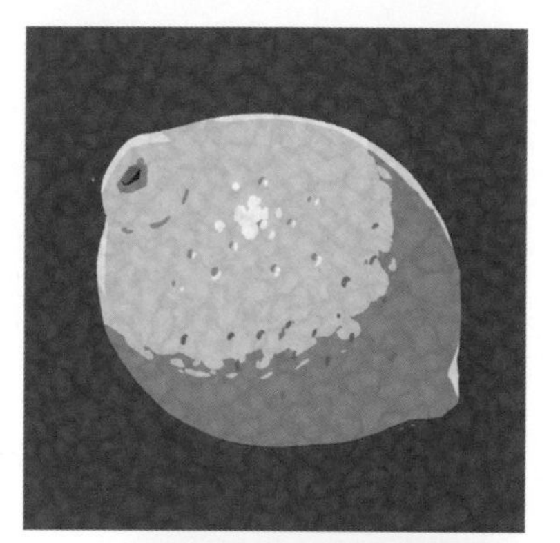

光華

此功能可讓圖像中的亮部呈現發光般的效果。畫布下方會有 3 個調整滑桿，其中「過渡」滑桿的值愈低，則亮部範圍的曝光效果會愈明顯 (會讓發亮區域寬度變窄，光線更集中)。

●原圖

●調整後

模擬特殊加工效果的濾鏡

色差（印刷錯位效果）

執行「調整 / 色差」命令，會替圖像套用印刷錯位般的效果，可以凸顯插畫的輪廓，並點綴色彩變化。調整時，用手指在畫面上滑動，會往滑動的方向加大色彩的錯位範圍。面板有「透視」、「置換」這 2 種模式，可以試試看不同效果。

●透視

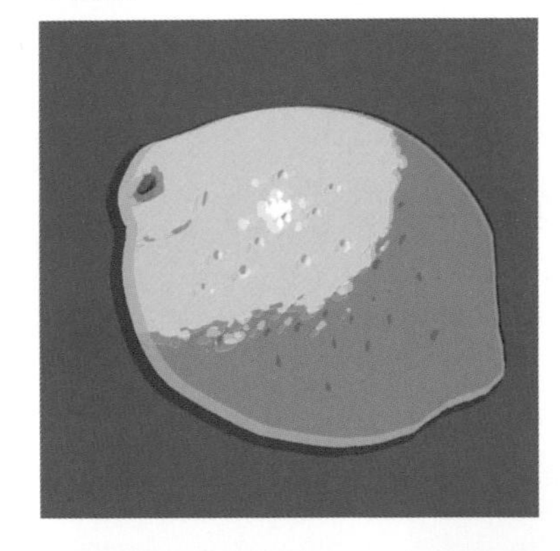

●置換

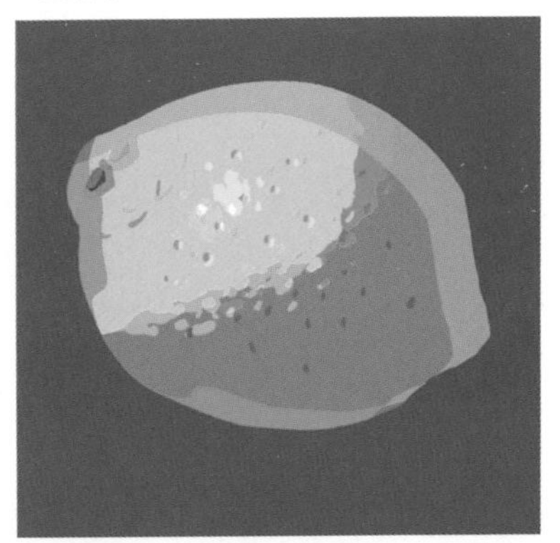

半色調（網點印刷效果）

執行「調整 / 半色調」命令，會替圖像套用印刷品般的半色調網點效果。有提供「❶ 全彩」、「❷ 網版印刷」、「❸ 報紙」3 種模式可選擇。強度設定愈大，網點尺寸愈大。

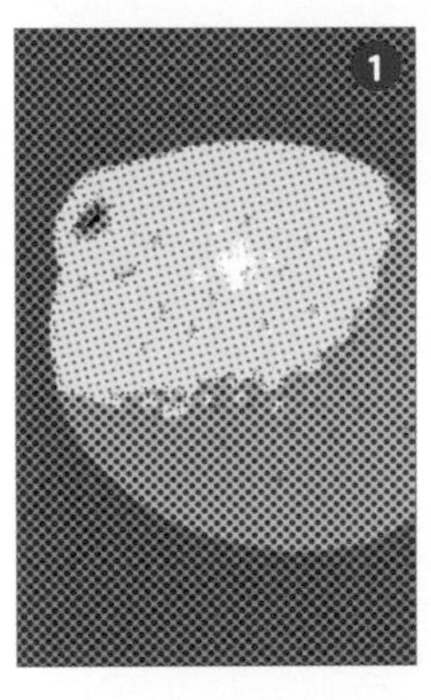

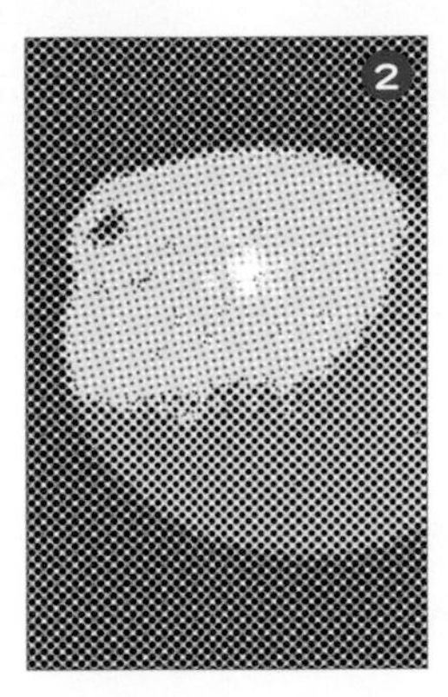

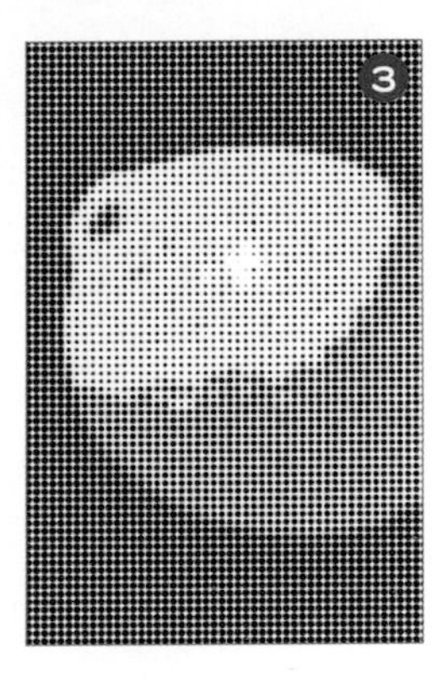

錯誤美學（映像管效果）

執行「調整 / 錯誤美學」命令，會替圖像套用如同映像管螢幕所呈現的雜訊干擾效果。面板中有 4 種模式可選：「假影」、「波浪」、「信號」、「分歧」，你可以自行試試看各種格狀雜訊與水平掃描線的組合。

液化

執行「調整/液化」命令，會開啟「液化」面板，可替圖像添加各種液化變形效果。例如切換到「推離」或「邊緣」模式，可以自由變形；想要隨機添加液化效果時，不妨試試看「扭曲」或「水晶」模式。

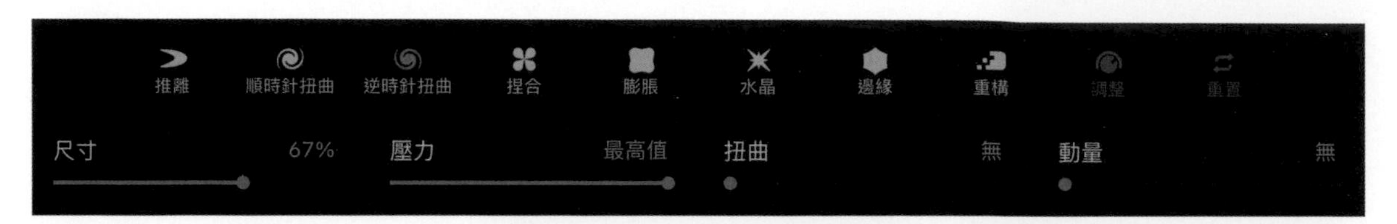

推離

選擇此模式，會根據手指拖曳的方向，將點按的地方推出去變形。如果覺得液化過度顯得軟綿綿，可以點按「重構」鈕然後塗抹修復推離的區域，亦可按「邊緣」來修飾推離區域的輪廓。

●原圖

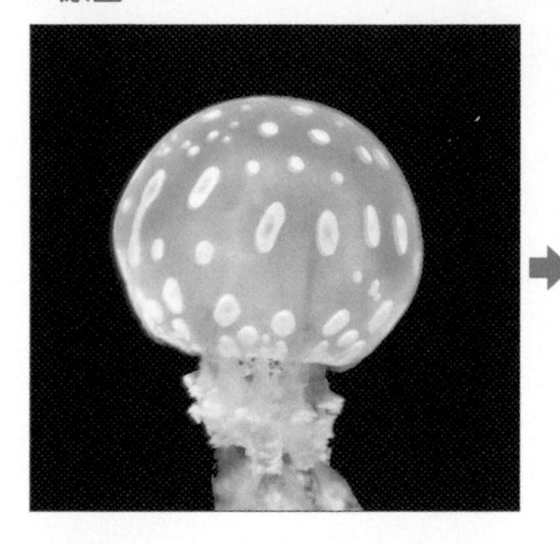

●調整後

邊緣

可用來拉伸筆觸並調整輪廓，也可以用來將液化變形的輪廓潤飾得更為平滑。

●原圖

●調整後

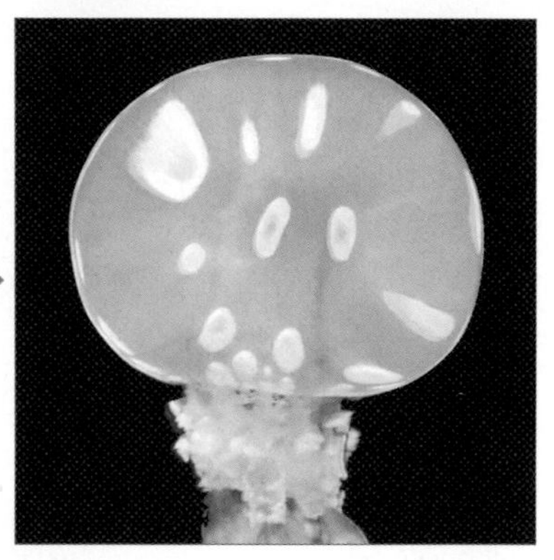

POINT »「調整」減弱整體的液化強度

在「液化」面板上從右邊數來第二個是「調整」鈕，可以用來「減弱」調整後的液化強度。將「調整／強度」滑桿往左滑動即可減弱效果，你可以一邊確認畫面上的液化效果一邊調整。

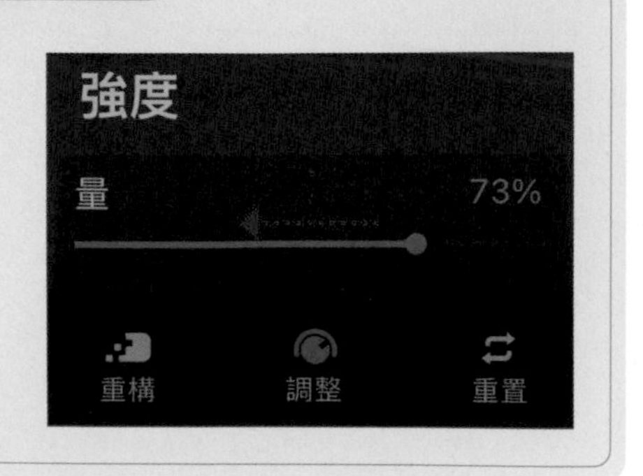

扭曲

「扭曲」模式會以點按的位置為中心，產生出漩渦般的扭曲效果，按住越久，扭曲程度越大。液化面板中有「順時針扭曲」和「逆時針扭曲」兩種方向，若把「扭曲」滑桿的值調大，可增加漩渦的數量。

● 原圖

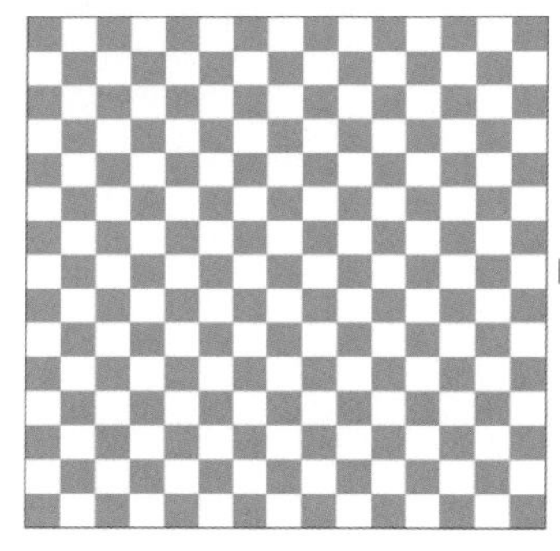

● 調整後

捏合與膨脹

「捏合」模式會以點按的位置為中心，像捏住東西一樣把周圍的部分往點按處擠壓。「膨脹」模式則是會往外側擴展。

● 捏合

● 膨脹

水晶

「水晶」模式會以點按的位置為中心，往外擴散並添加碎波浪般的變形效果。此模式也可以用來表現火焰的閃爍或是水彩的暈染效果。

● 水晶

● 用「克隆工具」複製、貼上圖像

執行「調整 / 克隆工具」命令後，畫布上會出現一個「圓盤」，請按住該圓盤、移動到想要複製的地方。接著請用手指在想要貼上的地方點按並拖曳，即可將圈選處複製並描繪出來。利用此功能，除了能複製物件，也可以營造用橡皮擦擦掉部分物件的效果。

LESSON

用液化功能繪製幽靈

以下這個範例，我們要練習用液化工具改變物件輪廓，添加隨機的變形。請活用「推離」功能，製作出可愛的幽靈吧！

練習用液化工具的「推離」模式拉長形狀

完成示意圖

練習的重點

在這個範例中，我們要使用液化工具，將一個球體變形成幽靈的獨特造型。在使用液化工具時，很容易產生不規則的形狀，但你可以進一步調整設定，以得到理想的形狀。「推離」是液化工具的基本模式，請多加練習和嘗試，建議一邊液化一邊確認效果。

① 選取「幽靈」圖層

請開啟圖層面板，選取「幽靈」圖層。如果想要反覆練習，建議先複製圖層，以便效果不滿意的時候可以重做。

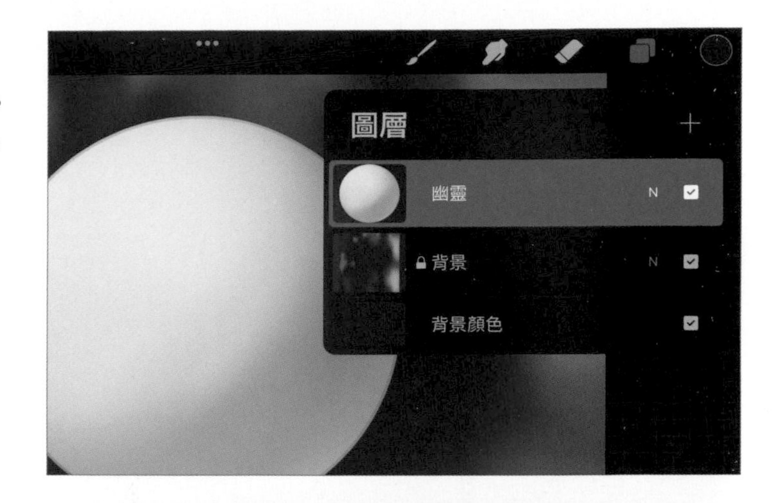

② 開啟「液化」面板

請執行「調整 / 液化」命令。「液化」選項位於「調整」功能表的下方，如果你的 iPad 尺寸較小，可能會無法顯示在畫面中，只要將功能表往上滑動，就能看見「液化」和「克隆工具」。

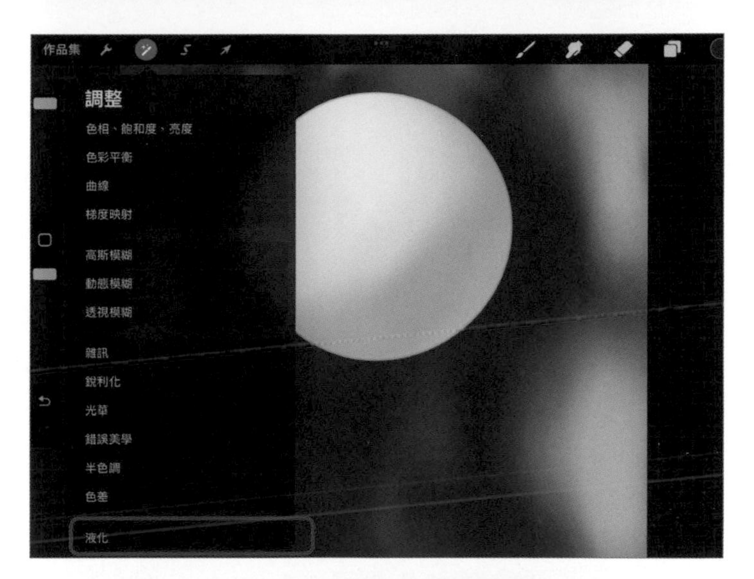

③ 點選「推離」模式

在「液化」面板中，有提供 7 種液化模式和 3 種調整功能。這裡請切換到「推離」模式。「推離」是能夠根據手指或觸控筆的拖曳方向拉長形狀的模式。

④「推離」的設定

「液化」面板的下方，還提供「尺寸」、「壓力」、「扭曲」、「動量」等 4 種設定。為了方便操作，請如圖設定。

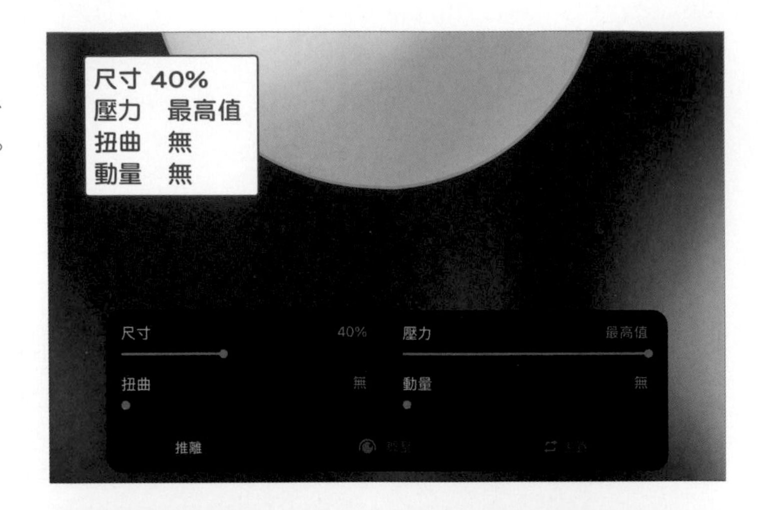

⑤ 往右下方拉長尾巴

設定好「推離」模式後，請用手指或是筆尖，如圖在圓形物體的右下方，由內往外塗抹，即可拖曳出多條尾巴。如果想將尾巴拉長一點，可試著重疊筆觸。

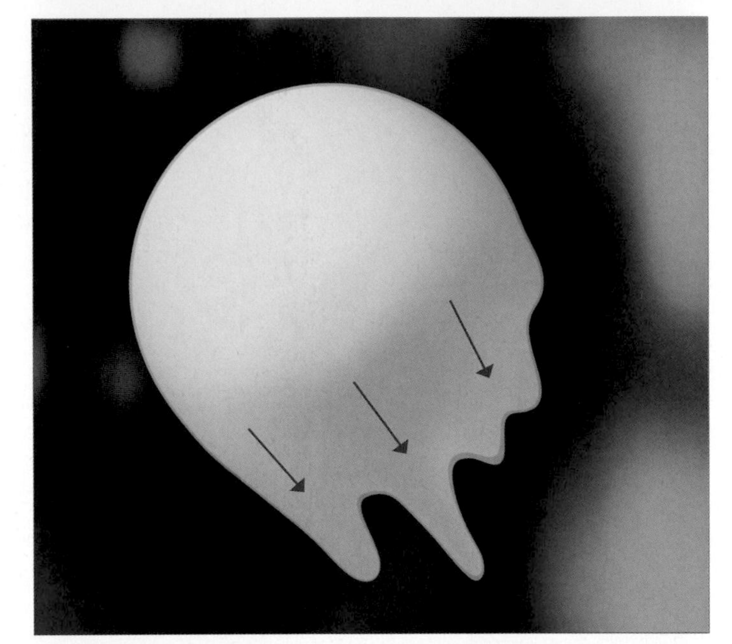

⑥ 用「重構」功能調整輪廓

如果你不滿意用「推離」模式畫出來的尾巴，可點按「重構」鈕，塗抹尾巴處來復原。「重構」功能可以局部復原已液化變形的部分。如果想要全部重來，可按「重置」鈕，回到變形前的狀態。

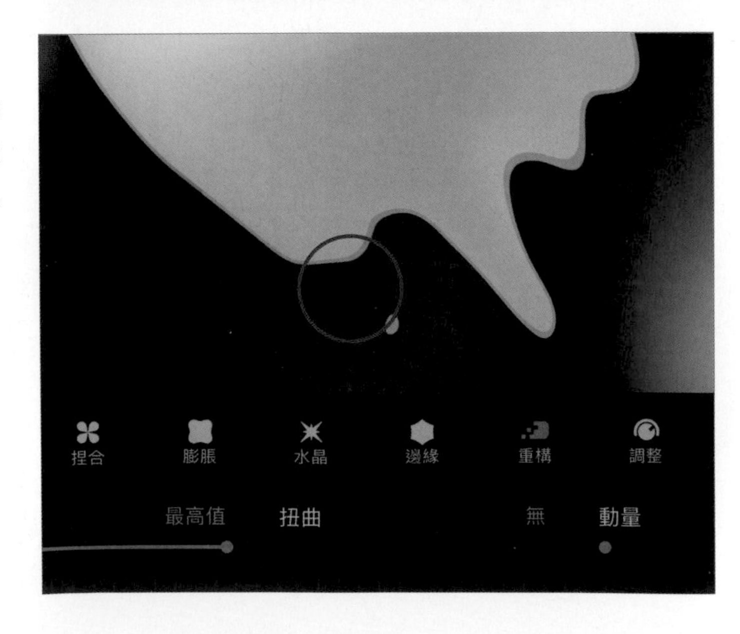

⑦ 新增「臉」圖層

開啟圖層面板，按下右上角的「＋」新增圖層。接著點按該圖層、開啟圖層選單，點選「重新命名」，將圖層命名為「臉」。請將此圖層配置在所有圖層的最上方。

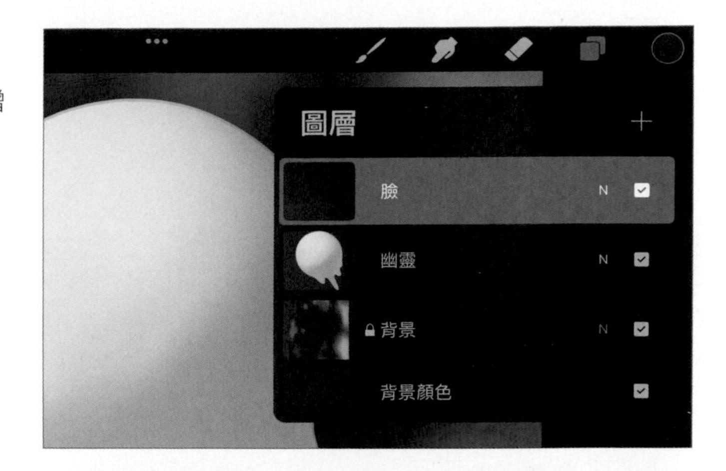

⑧ 畫鬼怪的臉

使用繪畫工具，選擇「書法／單線」筆刷如圖描繪鬼怪的臉，眼睛的部分則是用「速創形狀」(可參考 P.038) 畫兩個橢圓形。本例是把嘴巴畫成害怕顫抖的樣子，請你根據自己的喜好自由描繪吧！

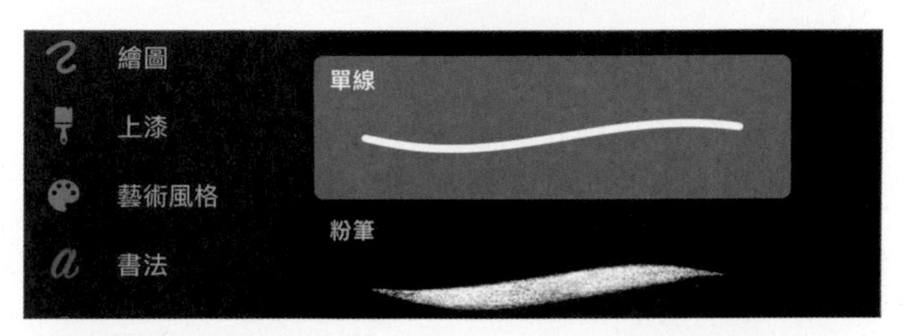

MEMO

內建的「單線」筆刷有穩定化(防抖動)的設定。若要調整設定，可以打開筆刷的設定面板，降低「穩定化／流線／量」的強度，會比較容易描繪大範圍的圖。

⑨ 替尾巴加上水滴就完成了！

最後選取「幽靈」圖層，補上尾巴碎屑的部分。點按繪畫工具並選取「書法／單線」筆刷，接著用取色滴管吸取幽靈的顏色，把尾巴末端畫成水滴飛濺的樣子即可。

LESSON

用梯度映射功能快速上色

以下的範例要練習使用「梯度映射」將黑白的插畫變成彩色。
你也可以自行從「梯度庫」中挑選各種漂亮的漸層配色。

把黑白插畫變成彩色吧！

完成示意圖

練習的重點

「梯度映射」這個功能聽起來很陌生，其實當你在思索作品的配色時，就可以運用這個功能，瞬間切換多種配色變化，以確認作品的色彩效果，非常方便。若能靈活切換「圖層」或「Pencil」模式，還可以製作出更細緻的效果。

① 範例中只有一個圖層

本例要使用調整工具中的「梯度映射」功能，將黑白插畫變成彩色。請先開啟圖層面板，其中只有一個畫有黑白插畫的「插畫」圖層，請選取它來套用。

② 開啟「梯度庫」面板

請執行「調整 / 梯度映射」命令，就會開啟「梯度庫」面板。

③ 從梯度庫選取「威尼斯」

「梯度庫」面板中提供多種漸層配色，只要點選即可套用，然後用手指在畫面上左右滑動，可即時調整強度，並同步檢視套用效果。本例是選取「威尼斯」。

MEMO

在「梯度庫」中各組配色名稱上長按即可「刪除」或「複製」。長按面板右上方的「+」鈕可還原成預設值。

④ 在畫布上左右滑動調整強度

在畫布上用手指往左右滑動，可控制色彩的強度。這裡是設定為 90%。

調整至想要的強度後，在畫面上按一下已顯示選單，請從中點選「套用」。

⑤ 設定「Pencil」模式

接著要我們要用 Pencil 替局部上色，所以請如圖操作：❶ 點按畫面上方的三角形，❷ 點按「Pencil」切換成「Pencil 模式」。

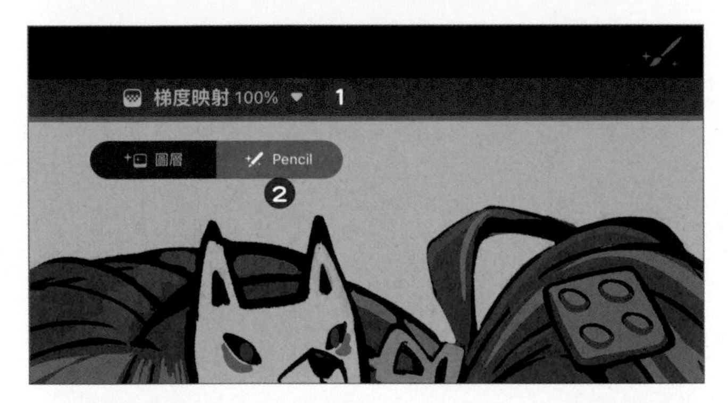

⑥ 從「梯度庫」中選取「火焰」

從「梯度庫」中點選「火焰」，如圖用筆刷在緞帶、眼睛、遙控器的按鈕等處上色。這裡我使用的筆刷是「上漆／圓形筆刷」，如果畫錯想要修正時，可切換成擦除工具或是塗抹工具來修改。到這邊就完成了。有空的話，不妨也多多嘗試其他配色吧！

Chapter

9

繪圖輔助的使用方法

文・Necojita

繪圖參考線與繪圖輔助功能

Procreate 提供便利的「繪圖輔助」功能，可以依據「繪圖參考線」所設定的參考線來描繪直線。可用於畫建築物的透視線，或是用來繪製水平、垂直對稱的圖。

開啟與編輯繪圖參考線

要使用「繪圖輔助」功能時，需要先在「繪圖參考線」的面板中設定繪圖方式，感覺像是在挑選尺的種類。設定好後，開啟「繪圖輔助」功能，就能像用尺作畫一樣，畫出筆直的線條。

請執行「操作／畫布」命令，先開啟 ❶「繪圖參考線」，接著再點按 ❷「編輯繪圖參考線」，如下在面板中設定參考線。

繪圖參考線面板

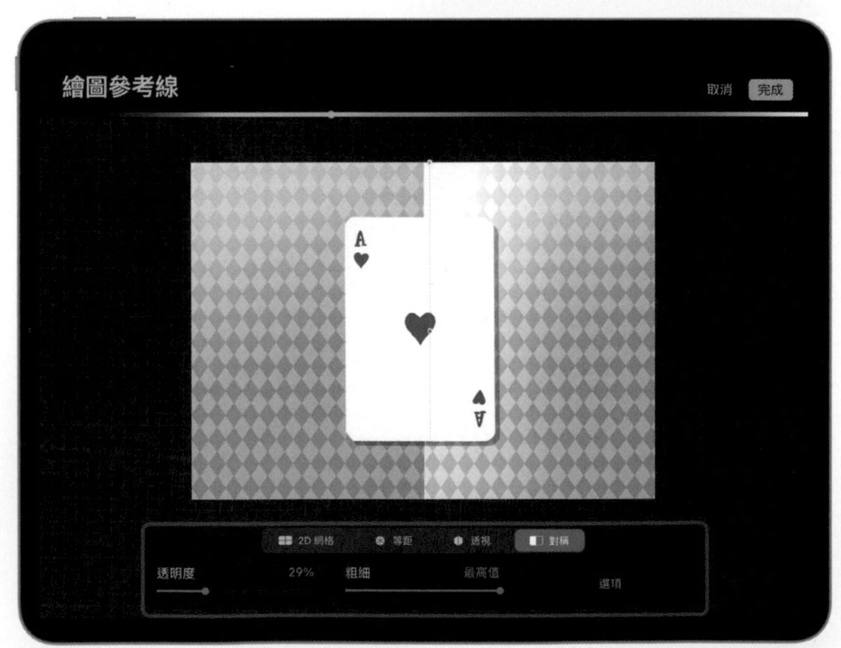

4 種繪圖參考線的差異

❶ 2D 網格

切換到此模式，整個畫布會佈滿方眼網格。如果有開啟「輔助繪圖」功能，畫線時即可沿著網格往上下左右繪製直線。也可以變更網格的角度與尺寸。

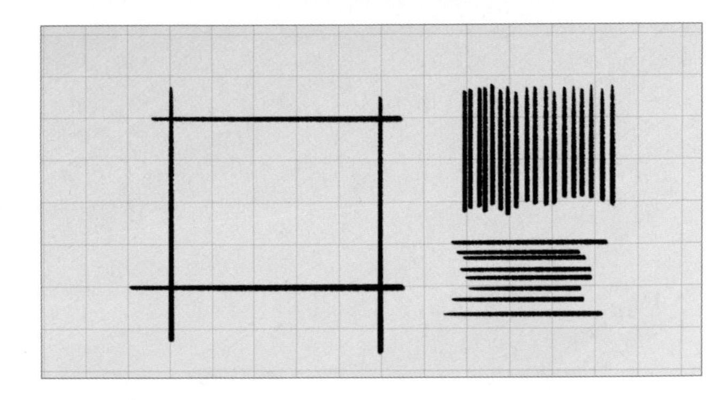

❷ 等距

切換到此模式，整個畫布會佈滿斜線網格。此功能適合用來畫從斜上方俯瞰的建築物，或是產品的透視圖，可繪製垂直或 60 度傾斜的間隔線。和「2D 網格」一樣，你可以自行變更網格的尺寸與角度。

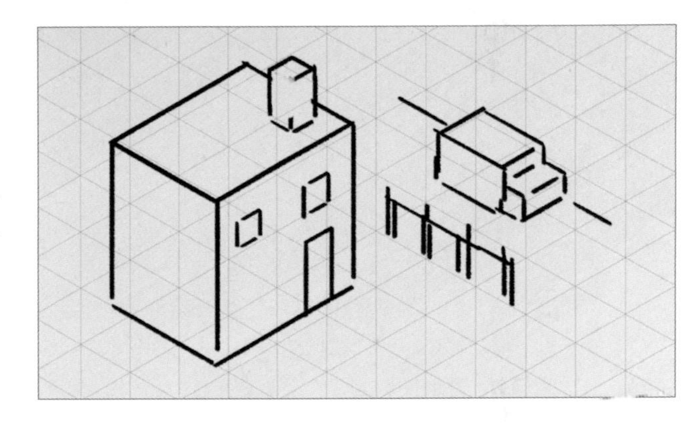

❸ 透視

切換到此模式，可以使用最多 3 個消失點的透視圖法來繪製插畫(需自行在螢幕上點按以建立消失點)。可繪製具透視效果的建築物、室內空間或家具。若消失點在 2 個以下時，也可以用來輔助繪製水平和垂直線條。

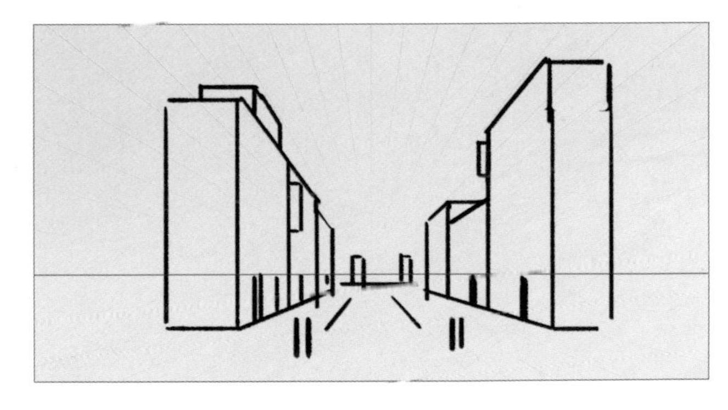

❹ 對稱

切換到此模式後，會出現一條分割線，這是用來繪製對稱圖像的輔助線。當你想要畫出左右對稱或上下對稱的圖，或是設計圖案時都會很好用。面板最右邊有個「選項」鈕，可切換成不同的對稱方式(請參考 P.102)。

自訂繪圖參考線

改變參考線的顏色

「繪圖參考線」面板的上方有漸層色彩條，在任意處點一下，即可改變參考線顏色。建議選擇跟畫作不同的顏色，會比較容易辨識。另外，請注意右邊的「完成」鈕和下面的白色很近，要避免誤按下方的白色。

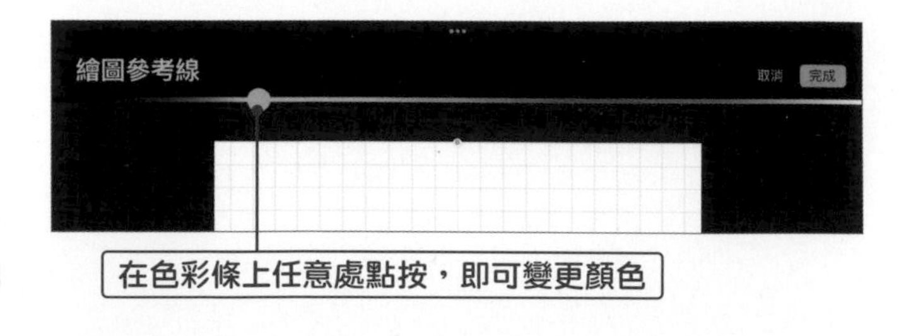

改變參考線的粗細或尺寸

「繪圖參考線」面板下方的「透明度」與「粗細」滑桿，可自行調整參考線的外觀。如果切換成「2D 網格」和「等距」模式，會多出「網格尺寸」滑桿以調整網格大小。

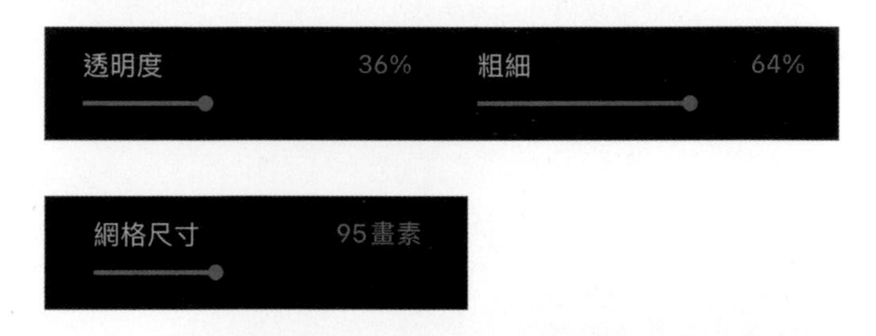

「對稱」參考線的選項設定

若將「繪圖參考線」面板切換到「對稱」模式，再按下最右邊的「選項」，可進一步設定 4 種對稱的方式：「垂直」、「水平」、「扇形」、「放射狀」。

除此之外，還有兩個選項：「旋轉對稱」是讓對稱圖旋轉；「輔助繪圖」是沿著參考線畫線的開關，開啟此功能，等同於從圖層選單中勾選「繪圖輔助」功能（見下頁）。

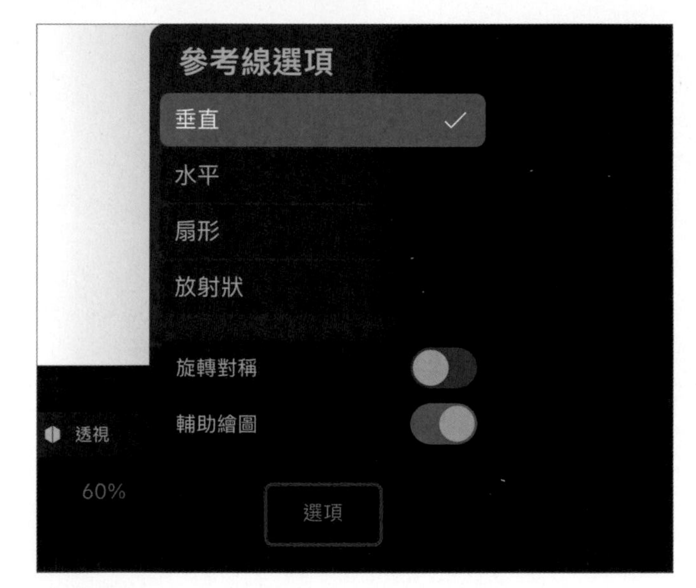

從圖層面板開啟「繪圖輔助」功能

結束「繪圖參考線」的設定後，請開啟「繪圖輔助」功能。請按一下圖層，從選單中選取「繪圖輔助」。

設定好之後，圖層選單的「繪圖輔助」字樣旁會出現打勾符號，圖層名稱下方也會顯示「使用輔助繪圖」這行小字，可讓你確認是否有開啟「繪圖輔助」。

POINT »快速切換繪圖輔助

「繪圖輔助」雖然可以從圖層選單中切換，但如果能事先設定快速鍵，要切換時會更方便。下圖是執行「操作／偏好設定／手勢控制」命令，切換到「輔助繪圖」頁次，再設定「Apple Pencil 點按兩下」項目，則只要在 Apple Pencil 上敲兩下，即可開 / 關目前圖層的繪圖輔助功能（此設定僅適用於支援「點按兩下」動作的二代 Apple Pencil，你也可以設定成其他手勢）。

Chapter 9

27

LESSON

來畫撲克牌吧

以下我們要練習使用繪圖輔助功能中的「對稱」來畫撲克牌。
這種左右對稱的設計，只要用「對稱」功能就能輕鬆畫出來。

練習用檔案

playcards.procreate
檔案大小：9.3MB

使用「對稱」功能畫撲克牌

完成示意圖

練習的重點

前面提過「對稱」的設定中有「垂直」、「水平」、「扇形」、「放射狀」等多種選項，以下就要實際運用。卡片中間的紅心和黑桃，我們要用「垂直」對稱模式來畫；撲克牌對角的設計，則要開啟「旋轉對稱」來製作。如果「繪圖參考線」錯位的話，可以點按中心點進行「重置」。

① 開啟「紅心」圖層的「繪圖輔助」

請開啟範例檔案的圖層面板，並展開「撲克牌（紅心）」的圖層群組，從中點選 ❶「紅心」圖層。接著再次點按「紅心」圖層開啟圖層選單，然後點按選單中的 ❷「繪圖輔助」將此功能啟用（勾選）。啟用後，「紅心」圖層下方會出現「使用輔助繪圖」這行小字，如右圖所示。

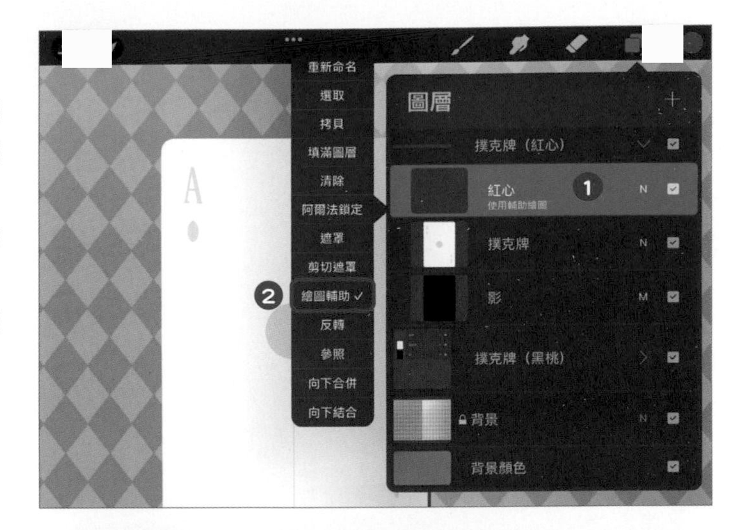

② 編輯繪圖參考線

執行「操作／畫布」命令，開啟「繪圖參考線」，然後再點按下方的「編輯繪圖參考線」。

③ 切換到「對稱」模式

在「繪圖參考線」面板的 4 種模式中，切換到「對稱」。

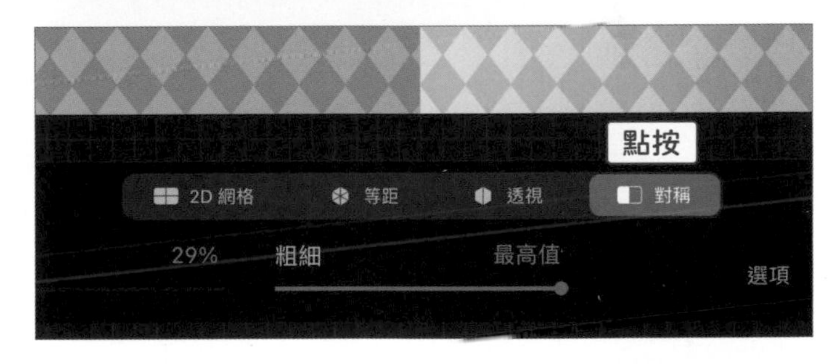

點按面板右邊的「選項」鈕開啟選單，把「參考線選項」設定為「垂直」（設定完成請再按一次「選項」鈕關閉選單）。接著請點按畫面右上方的「完成」鈕，關閉「繪圖參考線」的設定畫面。

④ 用「畫室畫筆」描繪紅心

請切換到繪畫工具，選用「著墨／畫室畫筆」筆刷，顏色設定為粉紅色，如圖描繪中間的紅心。請畫在對稱線的其中一邊，另一邊就會同步畫出對稱的圖，因此只要畫出一半的輪廓即可，請畫成能遮住灰色圓形的大小 ❶。畫出紅心的輪廓線後，用「色彩快填」上色 ❷。

⑤ 開啟繪圖參考線的「旋轉對稱」

紅心畫好後，請再次執行「操作／編輯繪圖參考線」命令，點按面板最右邊的「選項」鈕，開啟「旋轉對稱」功能。設定後請按畫面右上方的「完成」鈕，關閉「繪圖參考線」的設定畫面。

接下來要繪製的是撲克牌邊角的圖案。左上角已經用灰色底圖標示出「A」和紅心的位置，請參考底圖畫出❶「A」和「紅心」。由於有啟用「旋轉對稱」功能，所以在畫的同時，右下角會自動畫出旋轉 180 度的相同設計 ❷。

⑥ 開啟「阿爾法鎖定」來製作花紋

畫好撲克牌的標記後，接著要替中間的紅心添加花紋，以提升質感。請按一下「紅心」圖層開啟圖層選單，接著點選「阿爾法鎖定」項目，就會將透明區域鎖定，防止接下來塗到紅心外面。

請選用「質感／維多利亞式」筆刷，並選更深的粉紅色，在紅心上塗抹花紋。到此紅心撲克牌就完成了。

⑦ 比照相同步驟描繪黑桃

將完成的紅心撲克牌圖層群組暫時隱藏起來。接著比照畫紅心撲克牌的步驟，展開「撲克牌（黑桃）」圖層群組，並點選群組中的「黑桃」圖層來描繪。請再次參考淺灰色底圖的位置來畫。

❶ 請開啟繪圖輔助功能，先關閉剛剛設定過的「旋轉對稱」，用「畫室畫筆」筆刷，描繪出左右對稱的黑桃並上色。❷ 啟用「旋轉對稱」，畫出對角處的「A」和「黑桃」。開啟「阿爾法鎖定」後，使用「質感／維多利亞式」筆刷，以淺藍色在黑桃上塗抹花紋即可。

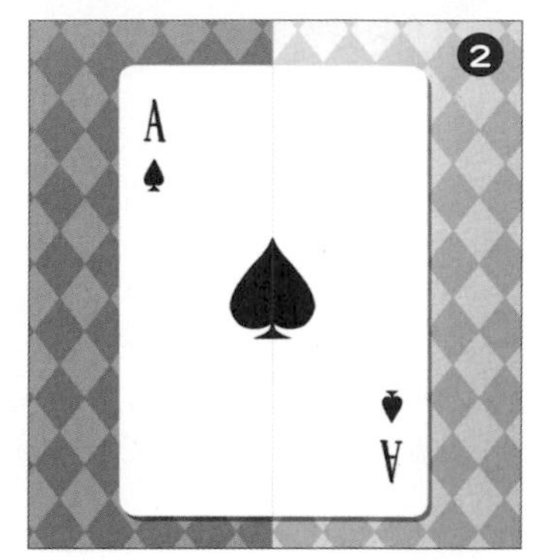

⑧ 移動圖層群組

紅心和黑桃撲克牌都畫好了，接下來要移動位置，把兩張牌變成重疊的樣子。請讓「撲克牌（紅心）」圖層群組重新顯示，並點選整個群組，然後點按左上工具列的「變形工具」，切換到「均勻」模式，將紅心撲克牌往左移動。

⑨ 兩張撲克牌各自旋轉 10 度

讓兩張撲克牌各自往兩邊旋轉 10 度（旋轉的方法可參照第 7 章，點按變形框上方的綠色圓點即可輸入度數，紅心旋轉 10 度、黑桃旋轉 -10 度），並且將黑桃撲克牌稍微往右移動一點，調整好重疊的狀態後，就完成了。

Chapter 9

28

LESSON

用透視參考線畫教室場景

透視參考線在描繪風景或是建築物時會特別好用。以下就要練習運用「一點透視圖法」，在這個教室的場景裡畫出桌子。

使用透視功能畫出教室裡的桌子

完成示意圖

練習的重點

本例要將繪圖參考線切換成「透視」模式，然後在教室裡描繪桌子。擺在空間中的桌子由於遠近差異，會產生透視效果，描繪時可放大畫布，根據透視參考線畫出正確的線條。這幅畫看似不容易，其實只要畫出長方體來製作成桌子的形狀，再將畫好的桌子加以複製，即可有效率地完成整齊排列的桌子。

① 選取「桌子」圖層

請打開圖層面板，選取「桌子群組」中的「桌子」圖層。

② 選取繪圖參考線的「透視」

開啟「操作／畫布」中的「繪圖參考線」，並點按下方的「編輯繪圖參考線」項目。接著在面板中切換成「透視」模式，然後❶按一下黑板中央的十字來新增消失點。❷開啟面板最右側的「輔助繪圖」功能，然後再按畫面右上方的「完成」鈕，離開設定畫面。

③ 描繪桌子的輪廓線

在畫布上已經準備了淺灰色的參考線❶，請以這些參考線為基準，描繪教室裡桌子的輪廓線。這裡是使用「著墨／畫室畫筆」筆刷，設定黑色，然後沿著參考線用直線畫出桌面、抽屜、桌腳的粗略線條❷。

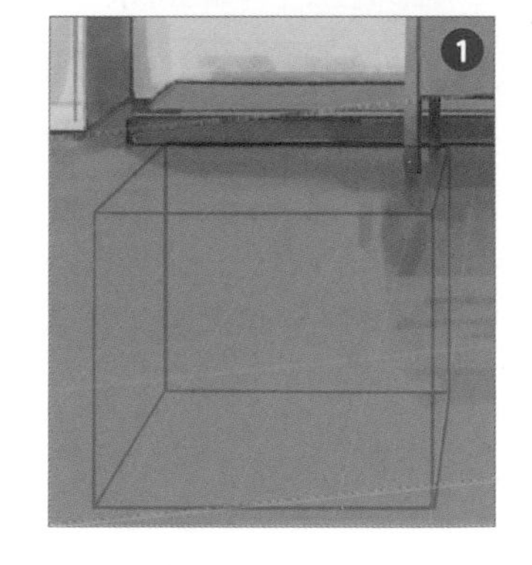

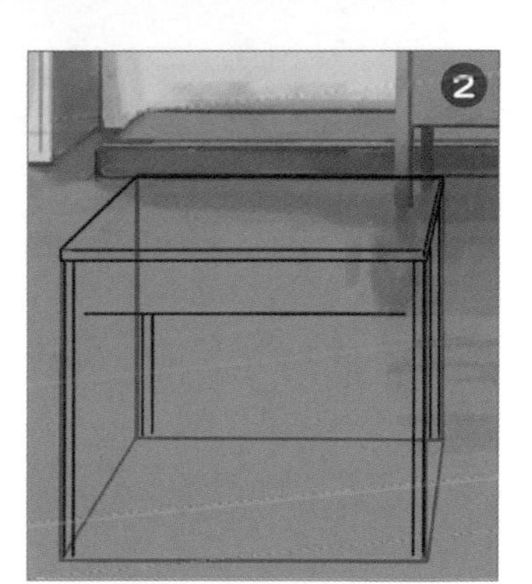

❸開啟「桌子」圖層的選單，從中啟用「繪圖輔助」。❹完成桌子的輪廓線，並且畫出桌面和抽屜的厚度，以及桌腳部分。畫好輪廓後，可以將「參考線」圖層隱藏。

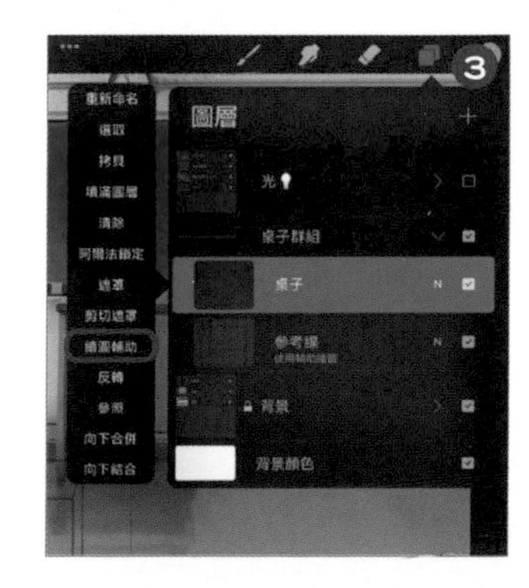

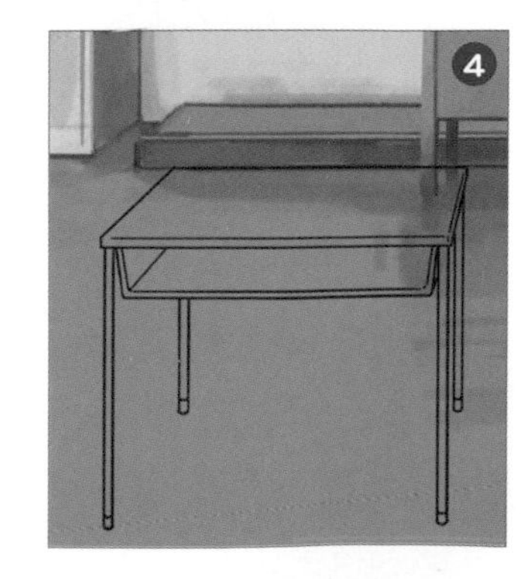

④ 填入桌子的顏色

接著要替線稿上色。請用「色彩快填」替桌面填入淺棕色、抽屜和桌腳填入灰色。

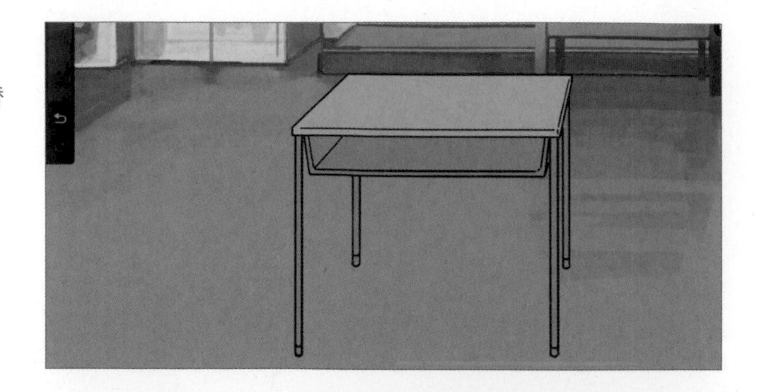

⑤ 新增「陰影」圖層 用「色彩增值」疊加陰影

開啟圖層面板，在「桌子」圖層上方新增圖層，並將圖層名稱變更為「陰影」，然後將此圖層的混合模式變更為「色彩增值」(請參考第 6 章)。接著要來畫陰影，請用取色滴管工具吸取地板的顏色，在桌子及桌子底下塗抹陰影。

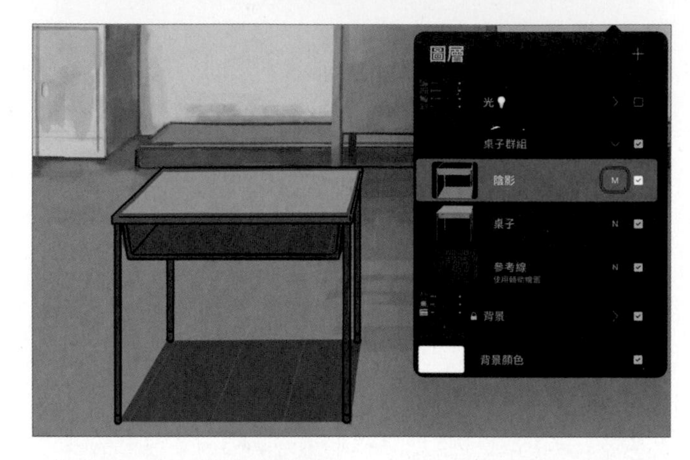

⑥ 將「桌子群組」複製與排列

接著要將完成的桌子複製並排列。請在「桌子群組」名稱上往左滑，按「複製」鈕複製群組。再點選位於下層的桌子群組，❶ 用變形工具的「均勻」模式將它縮小並移動到畫布後上方的遠處。❷ 點選上層的「桌子群組」，再將群組複製一次，並配置在整排桌子的最前方並放大。請注意必須讓三張桌子的邊緣順著同一條透視線。

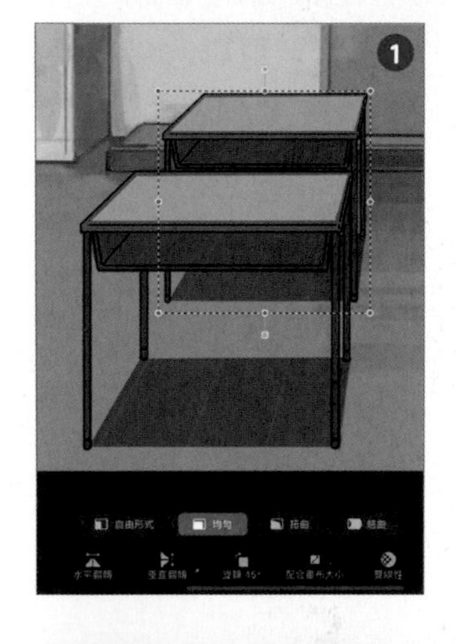

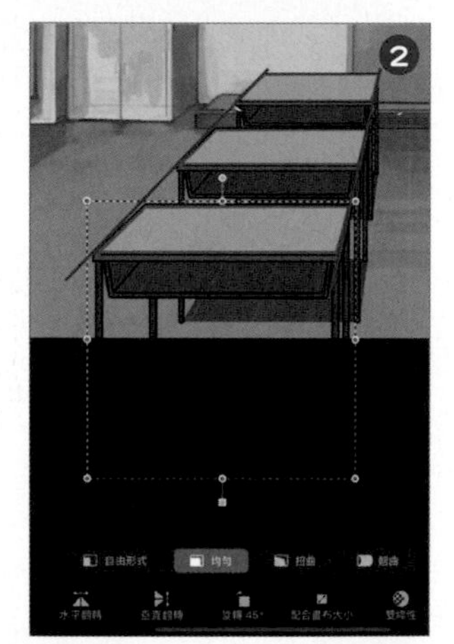

⑦ 將3張桌子建立為群組並翻轉

將複製好的 3 張桌子 (3 個「桌子群組」) 再整合成一個群組，然後將這個群組也複製一份，切換到變形工具，點按面板下方的「水平翻轉」鈕，再將整個群組往右移動。最後到圖層面板，將「光」圖層群組切換成顯示狀態，就完成了。

Chapter

10

封面插畫製作流程

本章會示範從零開始到完成一張畫作的流程。雖然想畫成和書上一模一樣可能會有些困難，但你可以觀摩學習完整的製作過程，以及為了插畫表現所需的功能與技巧，還是會很有收穫的喔！

文・鷹氏シミ

繪製草稿

首先要繪製封面插畫的草稿。在你開始製作之前，必須注意畫布設定的檔案尺寸與解析度。

草稿全圖

這是本章要畫的作品草稿。在這幅畫中，我融合了幾種概念，包括 Procreate 特有的表現、獨特的內建筆刷，以及 Procreate App 的軟體圖示設計等，主要概念是在人物的背上萌生出想像力的翅膀。
請讀者也試著畫畫看（你可以參考範例檔案與影片來畫本章範例，無法畫成和書上一模一樣也沒關係）。

草稿的圖層製作

為了方便後續的清稿作業，請注意在草稿階段就要將人物與抽象物分別畫在不同的圖層上。
人物會在線稿階段就進行清稿，而抽象物由於沒有明顯的線條輪廓，所以會在厚塗時才進行清稿。

人物的草稿

抽象物的草稿

設定畫布資訊

Procreate 的最大圖層數量限制，會受到許多因素影響，包括畫布的尺寸或解析度，iPad 的規格也會有影響。封面插畫圖稿所需的大小是 B5 跨頁尺寸，也就是要畫 B4 以上的尺寸並設定適合印刷的解析度，檔案將會變得相當大。如果使用 2023 年最新版的 M2 版 iPad Pro，最大圖層也只有 17 層（如下圖）。

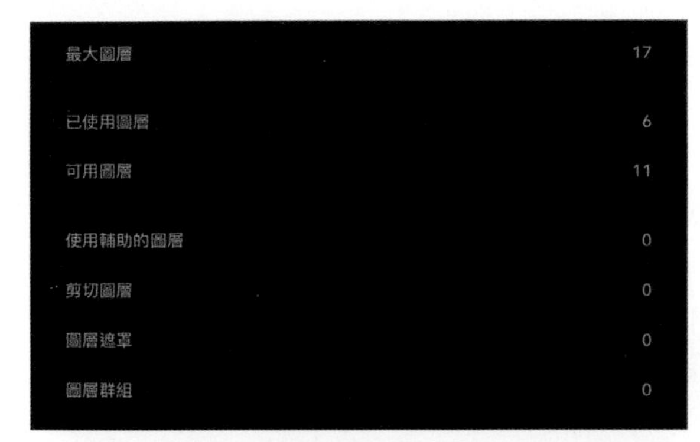

執行「操作／畫布／畫布資訊」命令，切換到「圖層」頁面

執行「操作／畫布／畫布資訊」命令，切換到「規格」畫面

筆者在描繪這幅封面插畫時，使用的 iPad Pro 規格比較舊，因此畫布限制更多，畫 B4 以上的尺寸時，可用的最大圖層只有 6 層，所以在繪製的過程中需要同時進行清稿。你可以比照上圖檢視自己的 iPad 畫布資訊，如果可用的圖層不夠多，亦可考慮一邊畫一邊清稿的方式。

POINT »可將內容畫在不同畫布上再合併

Procreate 會隨著檔案大小而改變最大圖層的限制，因此當你在製作大尺寸的作品時必須特別注意。如果無論如何都會超過最大圖層限制，建議可以分成多個畫布來畫，最後再將不同畫布上的內容合併成一張。本例由於可用的圖層也有限，因此將人物與抽象物畫在不同的畫布上，如下圖所示，人物是畫在最左邊的畫布（檔名為「人物」），完成清稿後，再置入抽象物的畫布（檔名為「封面」）。

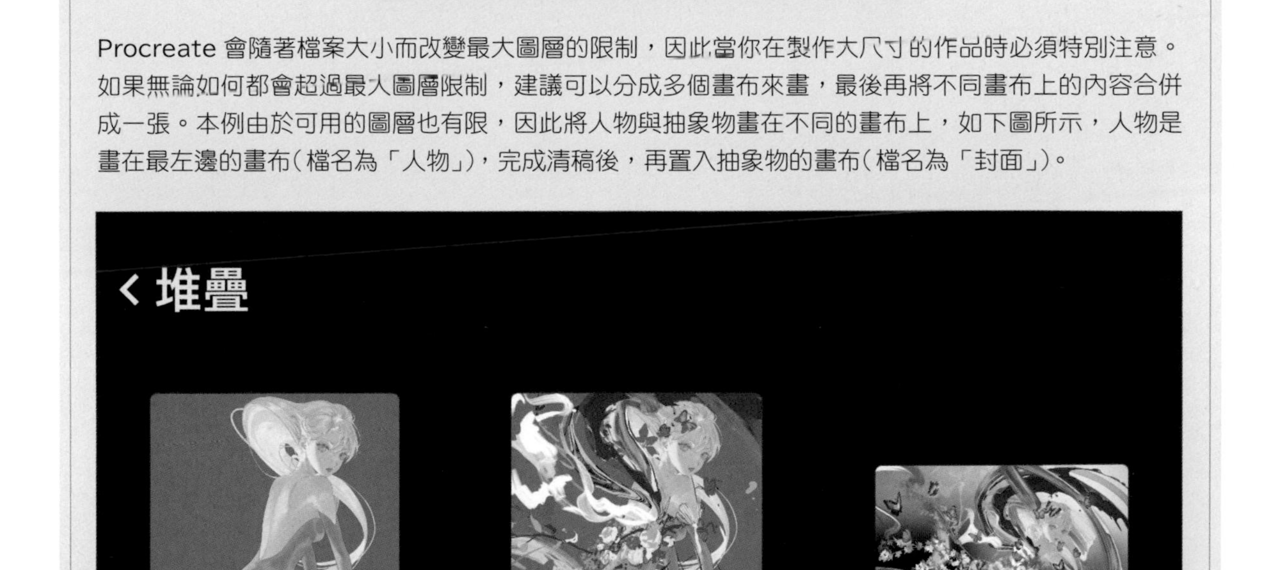

人物的清稿—線稿

接下來要繪製人物的線稿，同時也會調整人物畫布的尺寸，讓它符合畫作成品的繪製範圍。

清稿之前先調整草稿

上一個單元已經畫好草稿，在開始清稿之前，必須先調整好草稿的狀態，包括人物的位置以及視覺平衡，在此我在人物的草稿上新增一個圖層，用紅色筆刷將人物草稿畫成更清楚的輪廓，以便讓後續的線稿作業更加順利進行。

描繪人物線稿

接著就開始描繪線稿。在紅色草稿的上層再新增一個圖層，用「素描／納林德鉛筆」筆刷描繪黑色線稿。畫線稿的時候，為了方便描繪，你可以把畫布旋轉或翻轉成讓自己更容易畫的角度。
補充一點，在此我所使用的「納林德鉛筆」筆刷已經有調整過設定（請參照下一頁的 POINT 來調整）。

MEMO

執行「操作／畫布／水平翻轉」命令，即可將畫布左右翻轉。如果你想要改變畫布的旋轉角度，只要用 2 指按住畫布旋轉，即可旋轉成想要的角度。

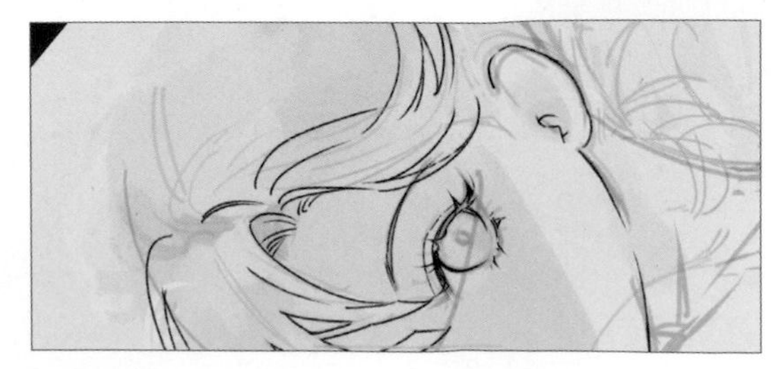

完成人物線稿

描完人物的線稿。請保持線條乾淨，避免多餘的雜線。草稿中有一些厚塗的部分，在線稿階段中省略不描。

POINT »「納林德鉛筆」筆刷的自訂解說

本例我用來描繪線稿的「納林德鉛筆」筆刷，已經調整成自己畫起來順手的設定（請參照下圖）。

● 「錐化」頁次的設定

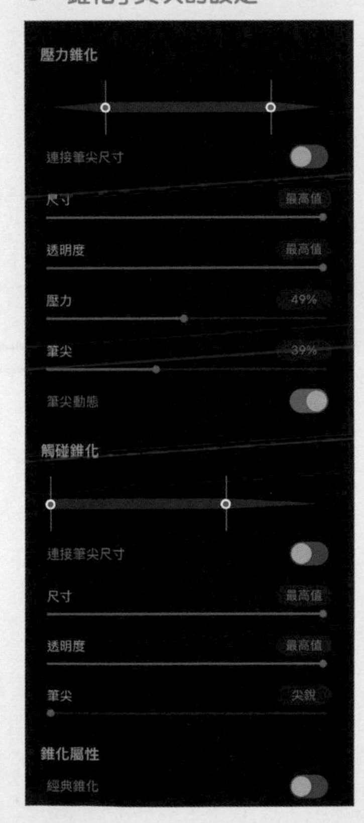

● 「紋路」頁次的設定

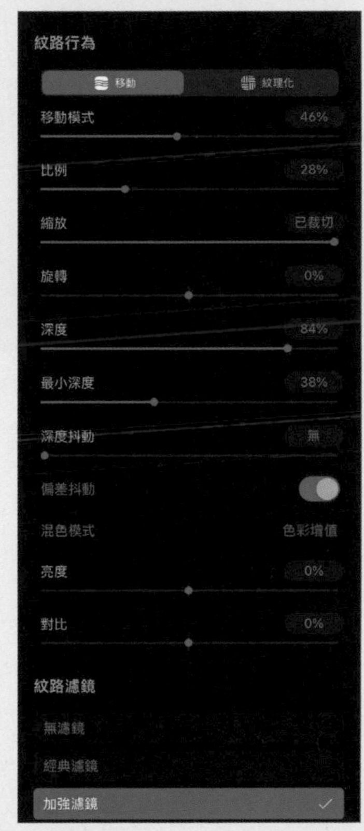

● 「屬性」頁次的設定

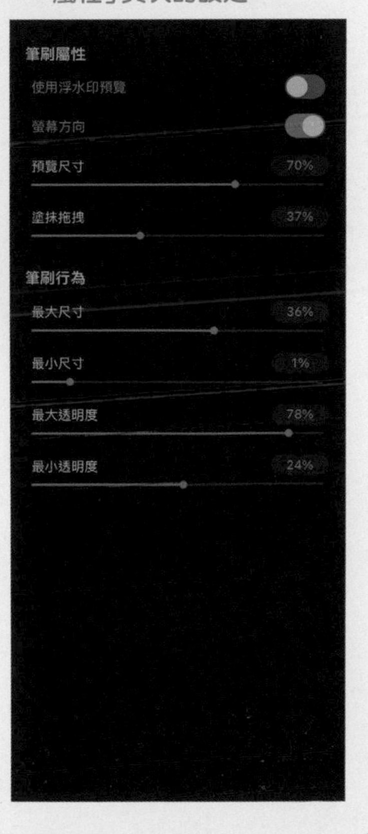

人物的清稿—分層上色

線稿畫完之後，接著要使用一支硬邊的筆刷和「色彩快填」功能（請參照第５章）替線稿上色。填色時，別忘了注意目前所畫的圖層是否正確。

用筆刷和「色彩快填」填入顏色

前面第 5 章介紹過 Procreate 的「色彩快填」功能，它可以根據參照圖層，在區塊範圍內填入前景色，非常方便。但是它有個小缺點，就是當填色邊界有空隙時，就很容易讓填色超出範圍。

當填色超出範圍時，如果線稿是比較粗的輪廓線，會比較容易找到空隙；但如果是像本例這樣使用細膩線條描繪的人物插畫，要找到線稿的空隙就會相當麻煩。此外，如果線稿是用特殊質感或是帶有紋路的筆刷描繪，即使調整臨界值也很難把邊界處理得很漂亮。

因此，想要準確地填色時，雖然會有點麻煩，建議先找一支硬邊的筆刷（沒有特殊質感或紋路的筆刷），先將填色範圍描邊，再使用「色彩快填」功能上色，就會比較順利喔！

POINT »自製填色專用的「平塗筆刷」

為了方便填色，我自訂了一支適合用來平塗的硬邊筆刷，並將它命名為「平塗筆刷」。它畫起來的感覺有點像粗麥克筆，為了處理細部，我有做一些錐化的設定。以下是我在「筆刷工作室」各頁次的設定。在筆刷資料庫中按右上方的「＋」鈕即可新增筆刷，Procreate 的筆刷設定很有彈性，你也可以根據自己的習慣、筆壓，以及觸控筆的相容性等因素靈活設定。

●「錐化」頁次的設定

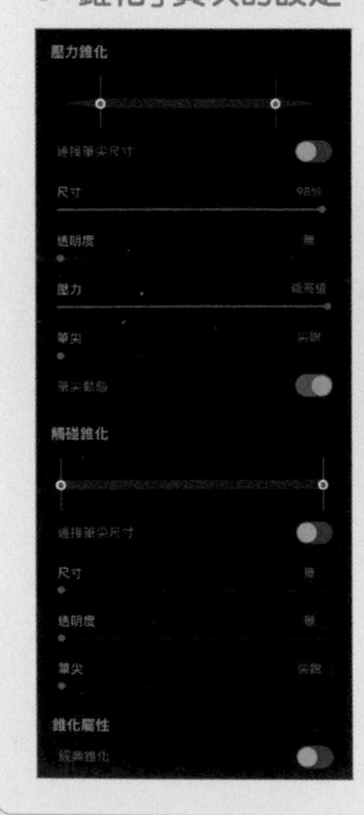

●「形狀」頁次的設定

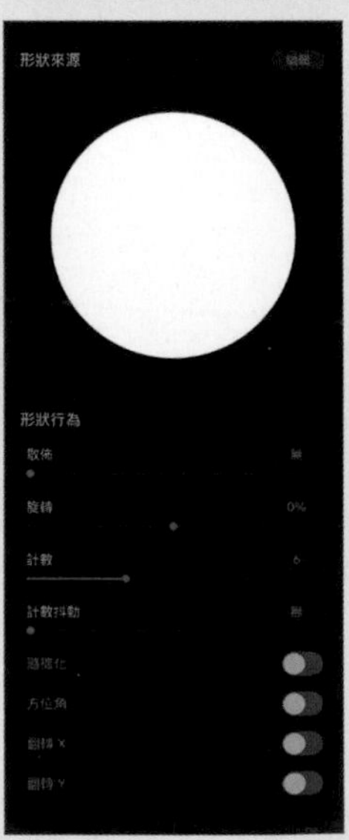

●「渲染」頁次的設定

●「屬性」頁次的設定

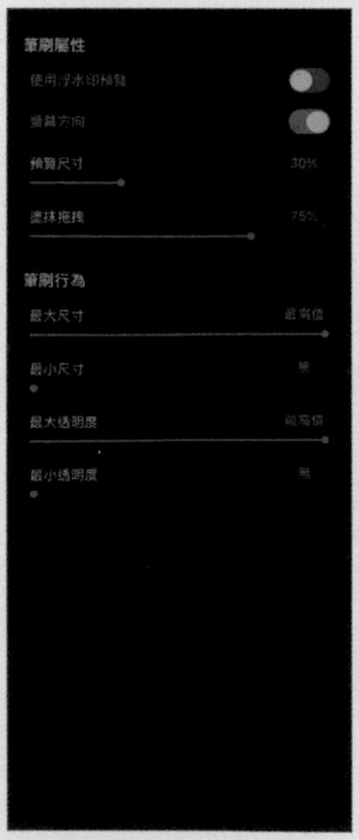

先用筆刷包圍填色區域

接著請在線稿圖層下方新增每個填色專用的圖層，我們要來分層上色。上色前，我用剛剛製作的硬邊筆刷毫無空隙地把每個填色區域先包圍起來。如果有空隙，上色時可能會跑出去，這點需要特別注意。

MEMO

在這個步驟我將「背景顏色」從白色改成灰色，這是為了清楚辨識已經填色的物件。

用「色彩快填」功能上色

用筆刷包圍每個填色區域之後，按住畫面右上方的顏色工具，拖放到用筆刷包圍的範圍內，即可填入顏色。

接下來你就可以繼續新增圖層，比照相同方法，替其他物件分別填入顏色。

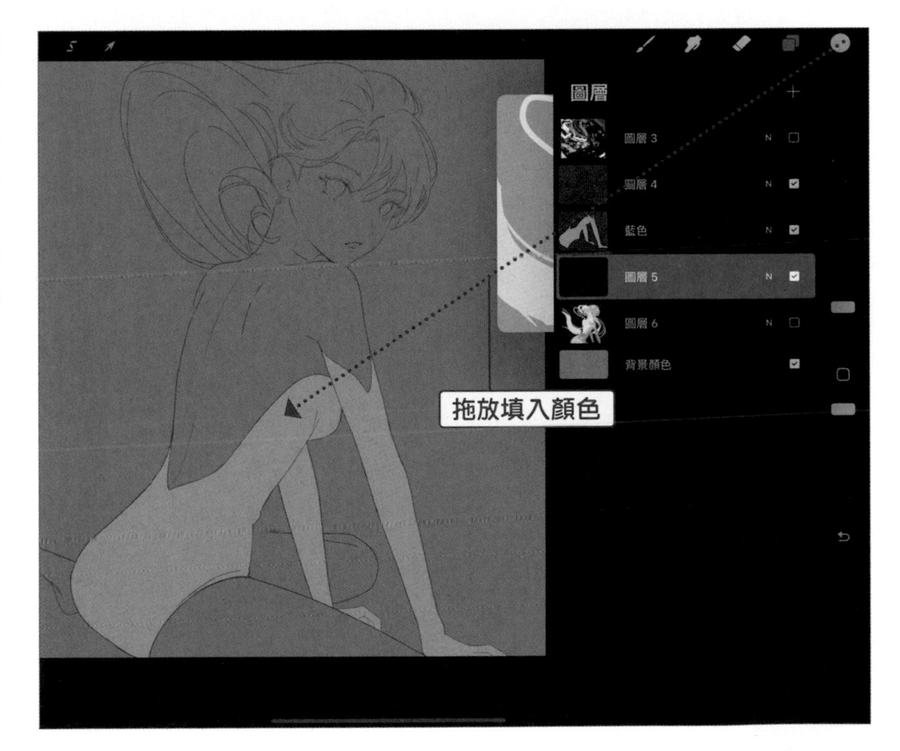

POINT » 填色的建議順序

我習慣先從深色的物件開始填色，用這種方式，已經填色的物件與物件的邊界都會看得很清楚。

顯示參照畫面來吸取顏色

Procreate 有「參照」功能，可以開啟「參照」視窗，將想要一邊畫一邊參考的圖像顯示在其中。只要在參照畫面中長按，即可用取色滴管工具吸取圖像的顏色。本例我就把草稿置入參照視窗，然後吸取其中的色彩來填色。

MEMO

執行「操作／參照」命令即可開啟參照視窗。點按參照畫面下方的「圖像」鈕選擇「匯入圖像」，即可匯入 iPad 相簿中的圖像做為參照。

POINT » 讓圖層單獨顯示以調整填色範圍

分層上色的過程中，為了完美地填補空隙、防止填色超出範圍，我會暫時讓填色的圖層單獨顯示（隱藏其他圖層）來做檢查。

分享一個好用小技巧：長按目前圖層右側的核取方塊，即可單獨顯示此圖層（將其他圖層全部隱藏起來），提升作業效率。

想要恢復原狀時，只要再次長按核取方塊，即可讓剛剛被隱藏的圖層恢復為顯示狀態。

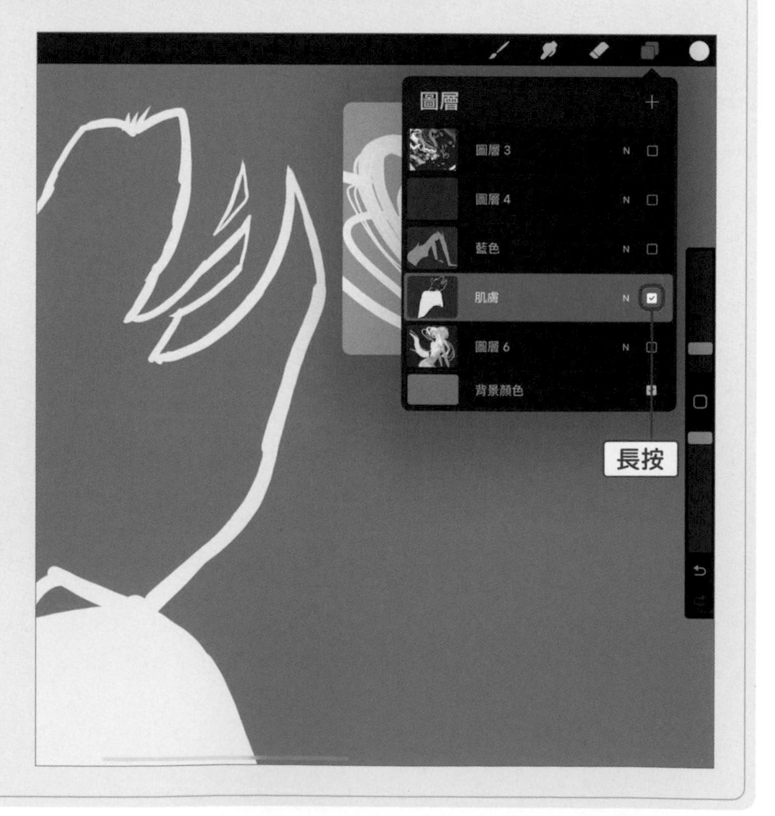

● 完成人物的分層上色

進行到這邊，人物的基本填色已準備就緒。而沒有線稿的部分則暫不填色。在這個階段我建立了以下這些分層上色的圖層：

- 藍色（衣服）
- 眼睛
- 肌膚
- 頭髮

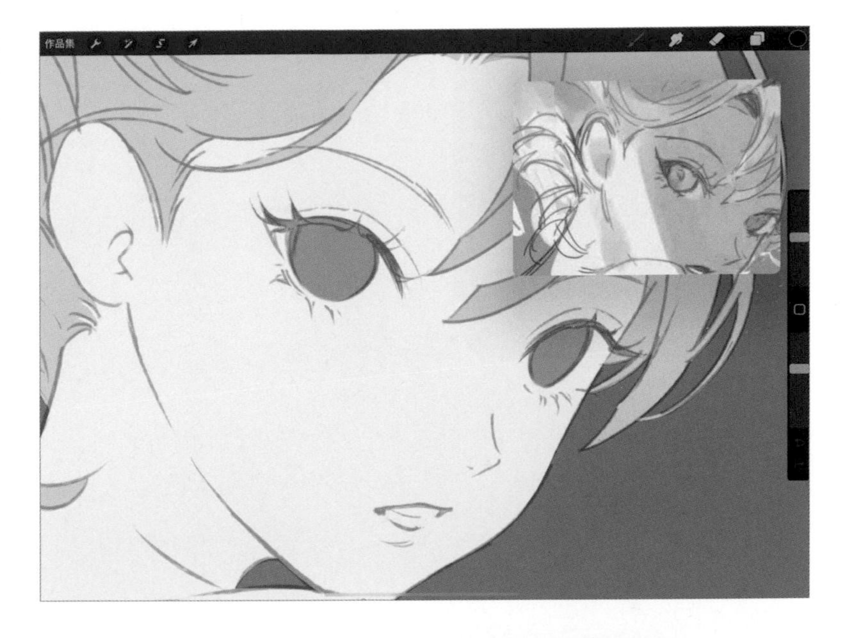

● 分層填色後的畫布狀態

● 分層填色後的圖層面板

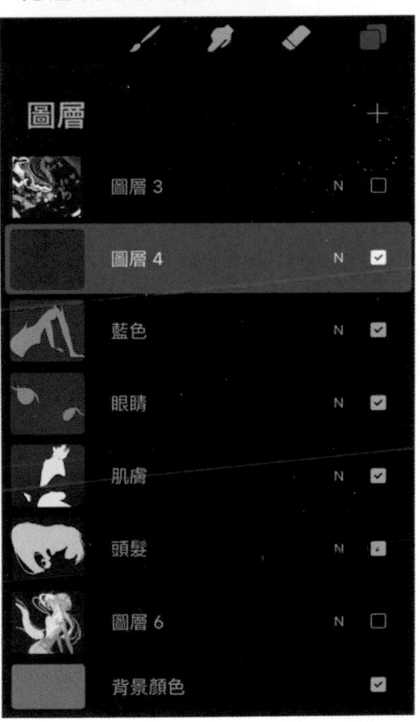

POINT » 圖層限制之下的填色方法

筆者在 P.115 提過，由於 iPad 的規格比較舊，可用的圖層有限，因此在分層上色階段，為了節省圖層數量，只針對人物身上範圍較大的區域建立填色圖層。對於眉毛、眼白、口腔等細節區域，在此先跳過，會在下個單元的細部上色階段再描繪。如果你的可用圖層也受限，即可參考這種方式。

人物的清稿—細部上色

完成分層上色後，接下來要分別替肌膚、眼珠、衣服等細節部位上色。此外還會在過程中介紹描繪技巧，包括如何畫出極光般的漸層色、具有透明感的素材等。

一邊上色一邊合併圖層

雖然我已經把人物和抽象物分成兩個檔案來畫了，但礙於我的 iPad 規格限制，目前可用的圖層剩不到 20 個。因此為了節省圖層數量，接下來的上色過程中，會適時地將填色完成的圖層合併。在合併之前，我會針對每個物件將陰影等細節分別上色完成（若你所使用的 iPad 可用圖層數較多，不合併亦無妨）。

上色之前先將線稿的透明度降低

線稿的顏色會決定插畫整體的印象，對完稿的畫風很有影響力。本例的完稿會用到很多顏色，所以我將線稿圖層的透明度調降到 34%。線稿畫可能調淡一點，上色後就可以降低線稿的影響力。

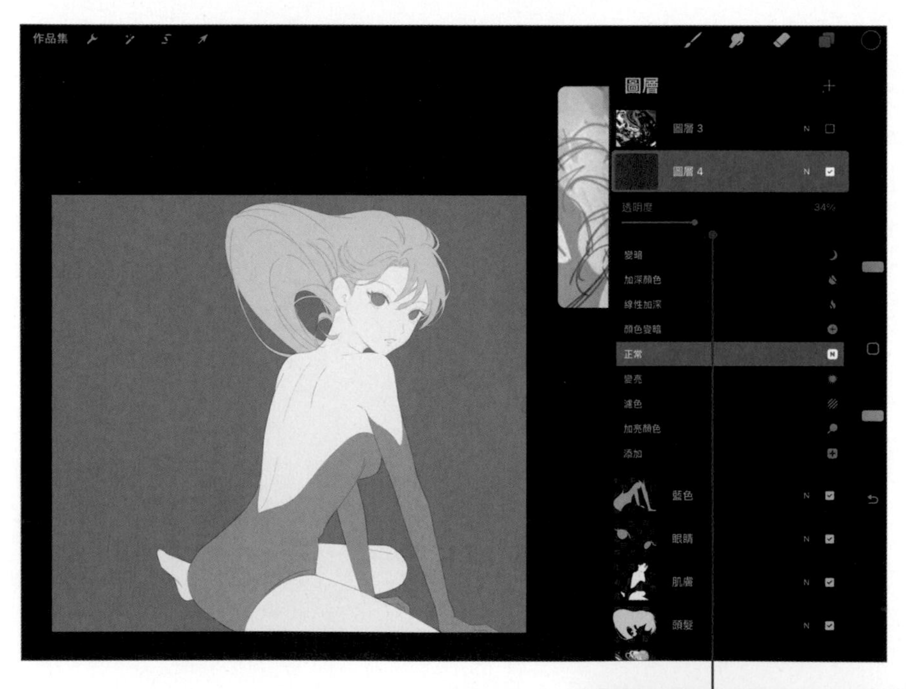

降低線稿圖層（圖層 4）的透明度

POINT »細部上色使用的自訂筆刷

以下介紹我常用來做細部上色的筆刷。我會將這些常用的筆刷都整合成一個「主要」筆刷清單，以便在填色的過程中隨時取用。其中有幾支是我自製的筆刷，製作方式可參照下圖所標示的參照頁碼。

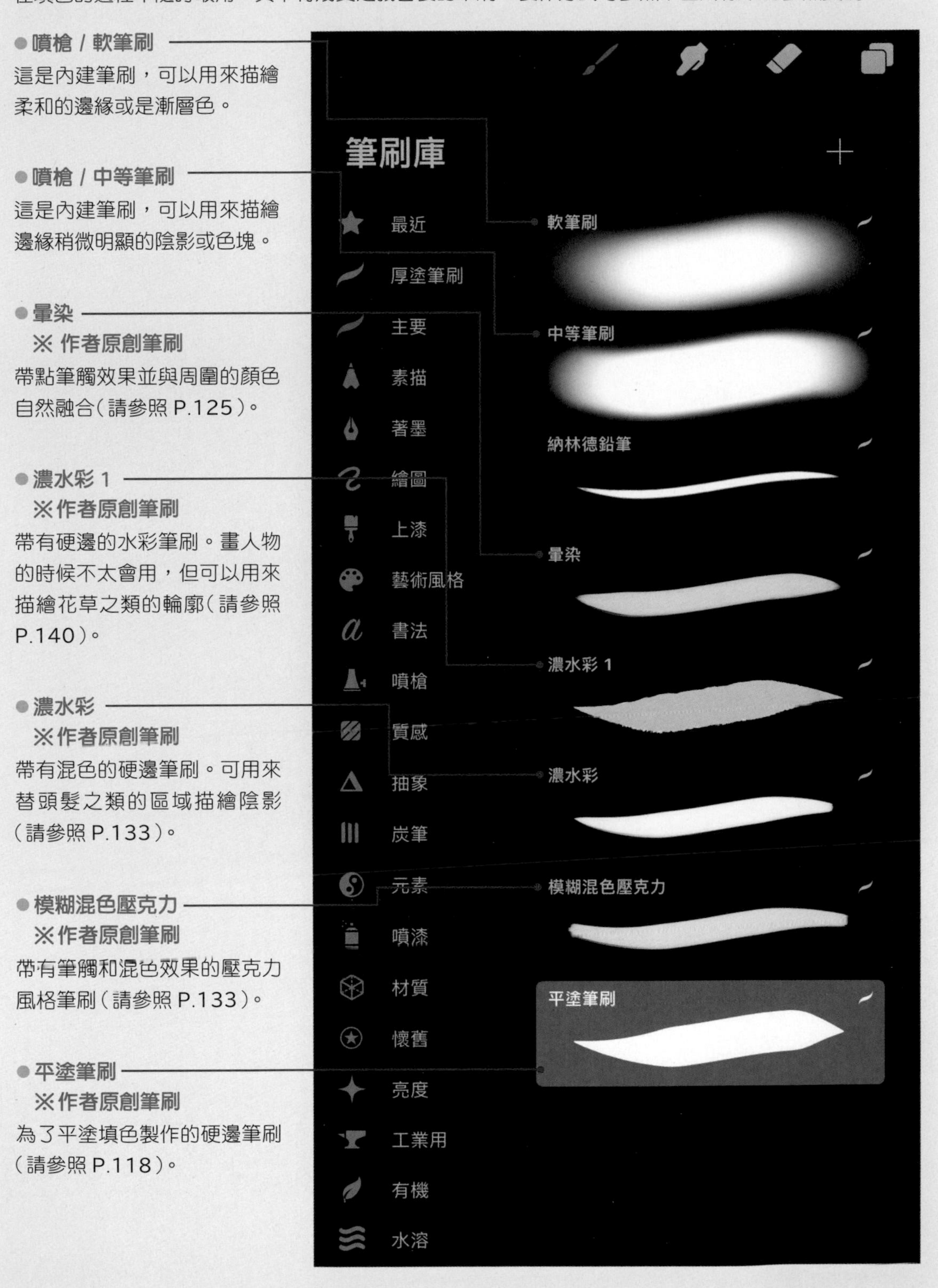

● 噴槍 / 軟筆刷

這是內建筆刷，可以用來描繪柔和的邊緣或是漸層色。

● 噴槍 / 中等筆刷

這是內建筆刷，可以用來描繪邊緣稍微明顯的陰影或色塊。

● 暈染

※ 作者原創筆刷

帶點筆觸效果並與周圍的顏色自然融合（請參照 P.125）。

● 濃水彩 1

※ 作者原創筆刷

帶有硬邊的水彩筆刷。畫人物的時候不太會用，但可以用來描繪花草之類的輪廓（請參照 P.140）。

● 濃水彩

※ 作者原創筆刷

帶有混色的硬邊筆刷。可用來替頭髮之類的區域描繪陰影（請參照 P.133）。

● 模糊混色壓克力

※ 作者原創筆刷

帶有筆觸和混色效果的壓克力風格筆刷（請參照 P.133）。

● 平塗筆刷

※ 作者原創筆刷

為了平塗填色製作的硬邊筆刷（請參照 P.118）。

肌膚的細部上色─陰影

1 這個步驟要用內建的「噴槍 / 中等筆刷」畫肌膚的陰影。
在描繪每個物件的陰影與亮部時，我為了減少圖層數量，會將肌膚的底色都畫在同一個圖層上。

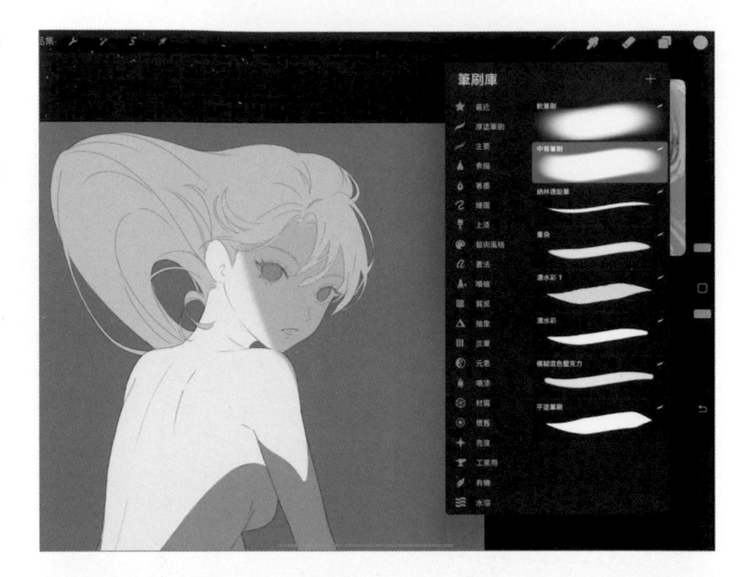

2 請從參照視窗中的草稿吸取陰影的顏色來描繪陰影。

3 接著要調整草稿中的細部陰影。請使用「暈染」筆刷適度混合底色與陰影的顏色，以表現肩胛骨等處的凹凸細節。

POINT »「暈染」筆刷的自訂項目

Procreate 預設就有內建豐富的形狀、紋路圖庫，可以活用這些資源來製作成具有筆觸的原創筆刷。請開啟「筆刷工作室」畫面，進入「形狀」或「紋路」頁次，點按設定區右上方的「編輯」鈕，執行「匯入／來源照片庫」命令，再任選你想要使用的來源圖片（本例是選「Mess」），即可變更來源。

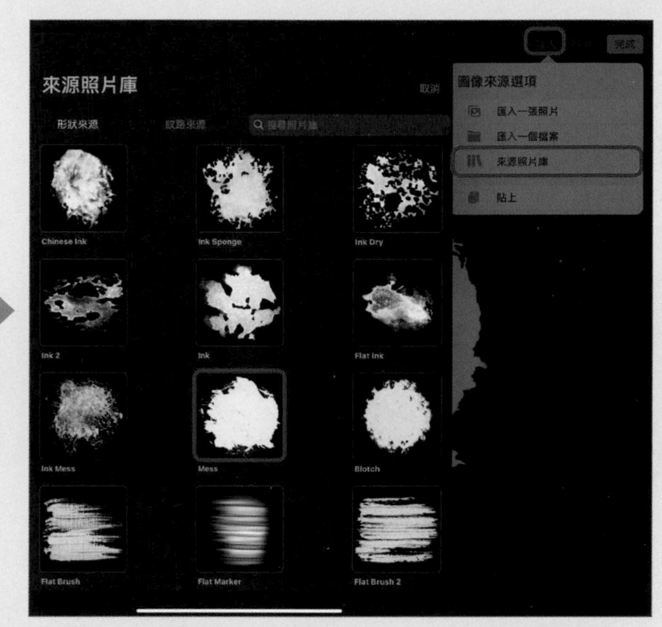

我為本例製作的「暈染」筆刷，是用來描繪肌膚或是瞳孔等表面光滑的部分，因此我自訂成筆壓愈弱邊緣會愈模糊的狀態（請參照下圖的「溼混合」）。

●「渲染」頁次的設定

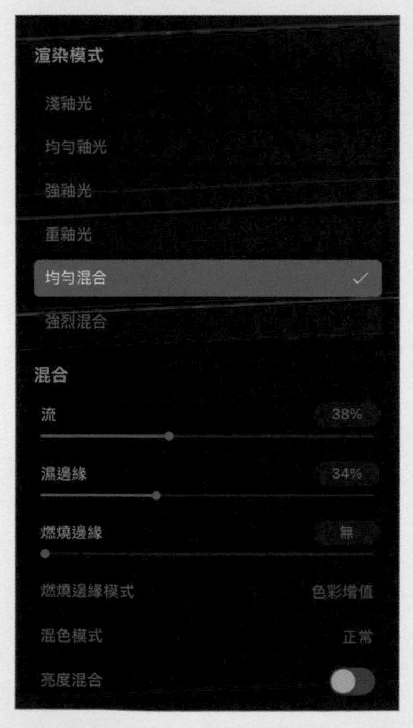

●「溼混合」頁次的設定

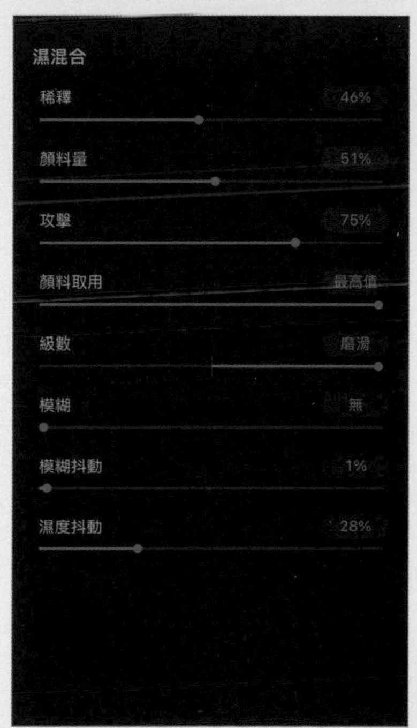

肌膚的細部上色－表現白裡透紅的血色和透明感

1 用「軟筆刷」在陰影上刷一層淺灰色，接著請在參照視窗吸取「陰影與肌膚邊界」的泛紅色彩，然後使用「軟筆刷」，將這個泛紅的柔和顏色刷在重點區域，包括肌膚與陰影的邊界、眼睛上方的陰影處、嘴唇等。

2 替耳朵上色，並在脖子下方塗深灰色的「二影」※（要使用比肌膚的「一影」更深的顏色），然後在眼睛裡面塗一點眼白色。

※ 編註：「一影」、「二影」是動漫專用的術語。為了營造立體感，動漫上色時常會分成兩層陰影，比原色暗一階的陰影稱為「一影」、比原色暗兩階的陰影稱為「二影」。

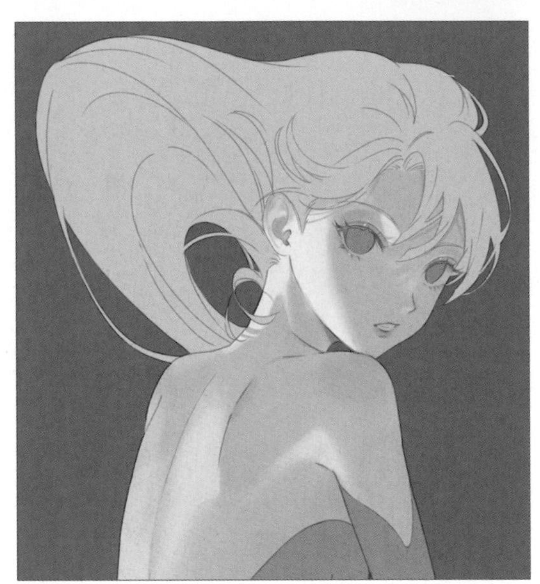

POINT »如何表現血色與透明感

畫膚色時，先用比肌膚陰影亮一階的灰色輕輕地刷上去，再於重點區域刷上帶紅色調的淺灰作為強調色，可提升肌膚透明感，並透出紅潤的血色。

眼珠的細部上色－虹膜

接著要描繪彩虹色的眼珠（虹膜），請從參照視窗分別吸取草稿中眼珠的顏色，再使用「中等筆刷」一一塗在眼珠上面，如左下圖所示。塗好之後，請長按畫布右上方的「塗抹工具」，即可用相同的筆刷塗抹混合眼珠的顏色。請小心塗抹，讓顏色邊界模糊即可，不要讓所有的顏色都混在一起，如右下圖所示。

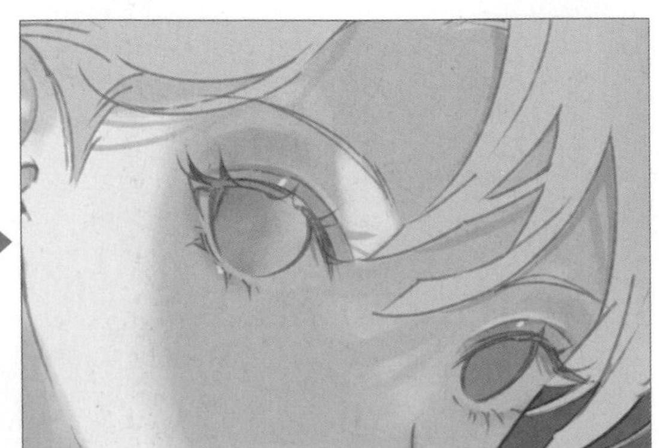

眼珠的細部上色—瞳孔

1 接著要在眼珠內畫瞳孔，為了避免填色超出範圍，要先用剪切遮罩限制上色區域。請在「眼睛」圖層的上方新增圖層、點按該圖層開啟圖層選單、勾選「剪切遮罩」，接下來在此圖層上色就不會超出眼睛的範圍。

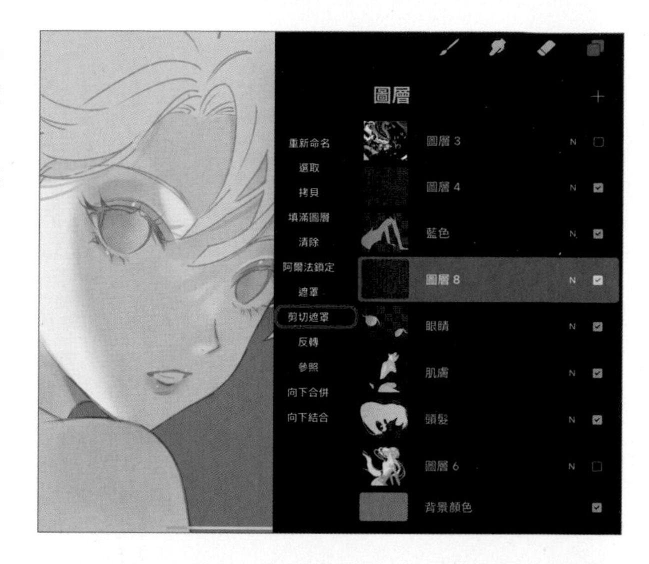

2 請使用「中等筆刷」，如圖在眼珠中央描繪紫色的瞳孔。

3 請長按畫布右上方的「擦除工具」，即可用相同的筆刷來擦除。請輕輕擦除瞳孔中央的紫色，只留瞳孔內部邊緣的一圈紫色輪廓。

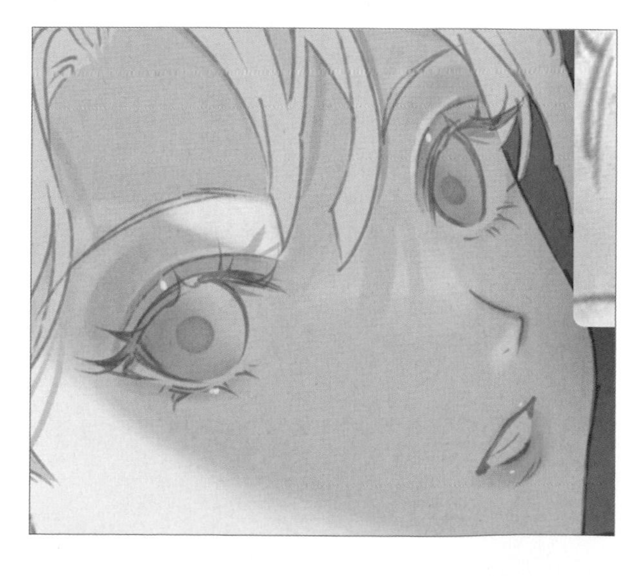

● 眼珠的細部上色－將眼珠輪廓畫在線稿的上層

1 請在線稿圖層（本例為「圖層 4」）上方新增圖層，然後使用「中等筆刷」，描繪出紫色的眼珠輪廓。

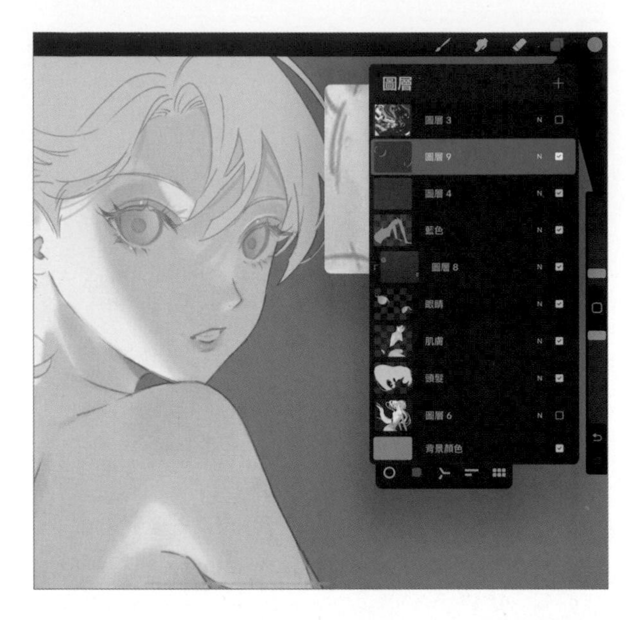

2 繼續用「中等筆刷」調整眼珠輪廓，在眼皮的區域塗上和頭髮相同的淺藍色。接著用「濃水彩」筆刷，像是要框住紫色輪廓般，在眼珠的邊緣疊上一層紅色。最後請在瞳孔下面一點的位置加入白色反光亮點。

POINT »眼珠輪廓的畫法

我在畫眼珠的輪廓時，不使用線稿而改用筆刷來描繪，我覺得用筆刷描邊的眼睛看起來會更有魄力。

● 眼珠的細部上色－陰影

1 到這個階段，我就把瞳孔圖層與眼珠物件的圖層合併，然後在上面新增一個圖層並建立剪切遮罩，然後選擇「加深顏色」混合模式，如圖在眼珠上方描繪淡橘色的陰影。

● 圖層

2 比照前面用擦除工具擦除瞳孔顏色的方法，這裡也是用擦除工具擦掉淡橘色陰影中央的顏色，適度保留外緣輪廓。調整好之後，請將橘色陰影圖層也和眼珠圖層合併。

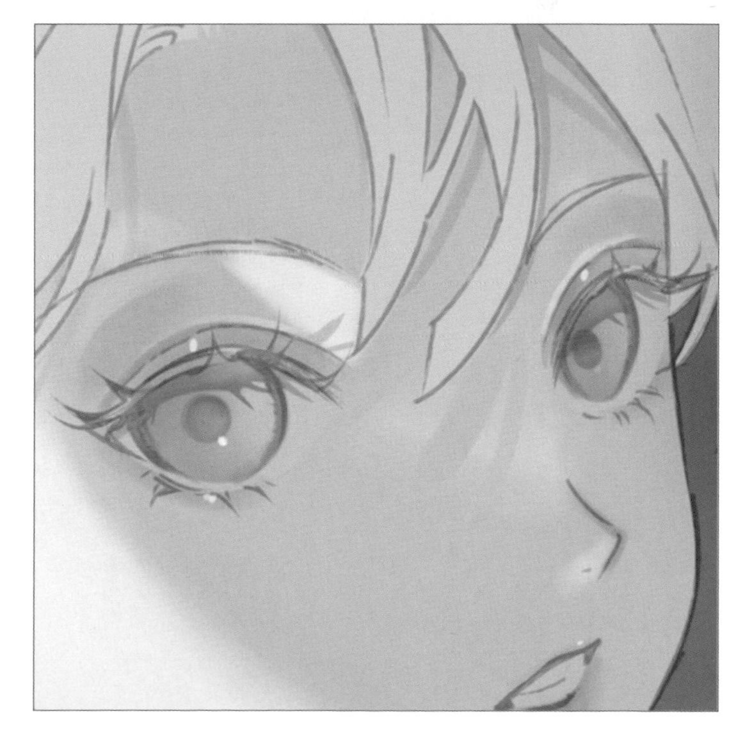

睫毛與嘴巴的細部上色

1 請使用「濃水彩」筆刷描繪睫毛。接著如圖在眼珠圖層上替眼尾畫上紅色。

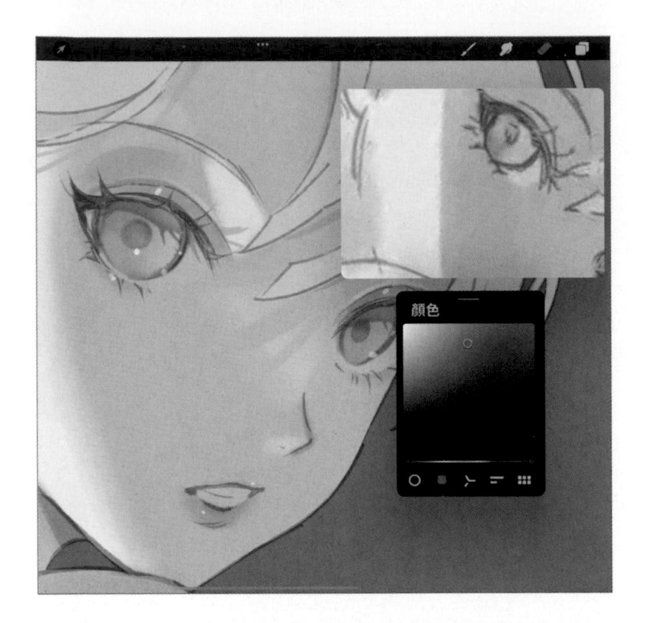

2 繼續調整潤飾，營造出像是畫了紅色眼線的效果，眼珠的上色就暫時告一段落了。
接下來請回到「肌膚」圖層，用相同的筆刷與紅色塗在嘴巴內部。

頭髮的細部上色

1 接著要替頭髮塗上極光般的色彩。請點選「頭髮」圖層，從參照視窗吸取草稿顏色，如圖用「軟筆刷」、「中等筆刷」等自訂筆刷塗抹淺藍色。

2 繼續用「濃水彩」筆刷、「暈染」筆刷疊上深一點的淺藍色，讓色彩更有層次變化。

3 繼續用相同的筆刷，在顏色面板選擇黃色，如圖塗在頭髮的反光處，表現頭髮的光澤。

4 如圖繼續疊上顏色，或是疊上淡粉紅色，讓秀髮呈現極光般的色彩變化。
挑選顏色的重點是避免混濁，而塗顏色時的重點則是要活用「濃水彩」筆刷與「暈染」筆刷，描繪出好像從內側發光的鮮活色澤。

POINT »表現極光般的顏色

想要畫出極光般的色彩時，重點是在亮部使用與基色或陰影成為補色的色相，即可表現繽紛的色彩。本例的頭髮是以水藍色、淡紫色為底色，所以亮部就選用與藍紫色互為補色的淡黃色。

衣服的細部上色

1 接著要用類似方式替衣服細部上色。請點選「藍色」圖層（之前畫衣服的圖層），使用「模糊混色壓克力」筆刷模糊衣服的底色，然後用淡淡的淺藍色塗在亮部區域。

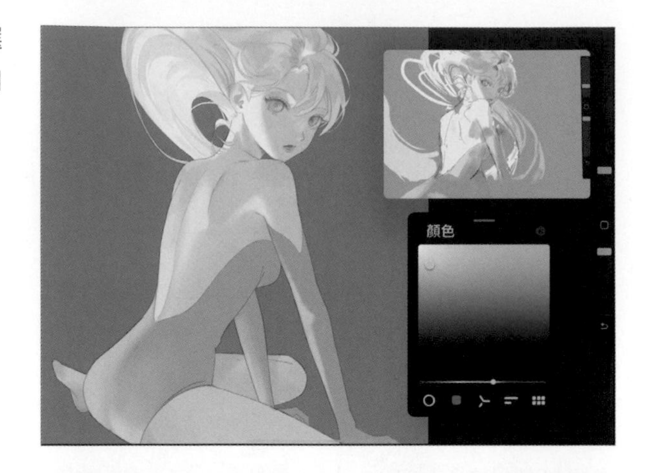

2 比照畫頭髮時表現極光的方式，用「暈染」筆刷與「濃水彩」筆刷塗抹衣服。

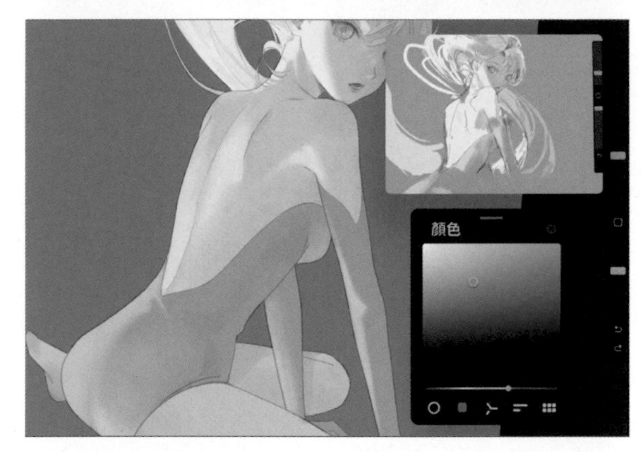

3 用「濃水彩」筆刷或「中等筆刷」表現衣服的光澤感，潤飾調整後就完成了。

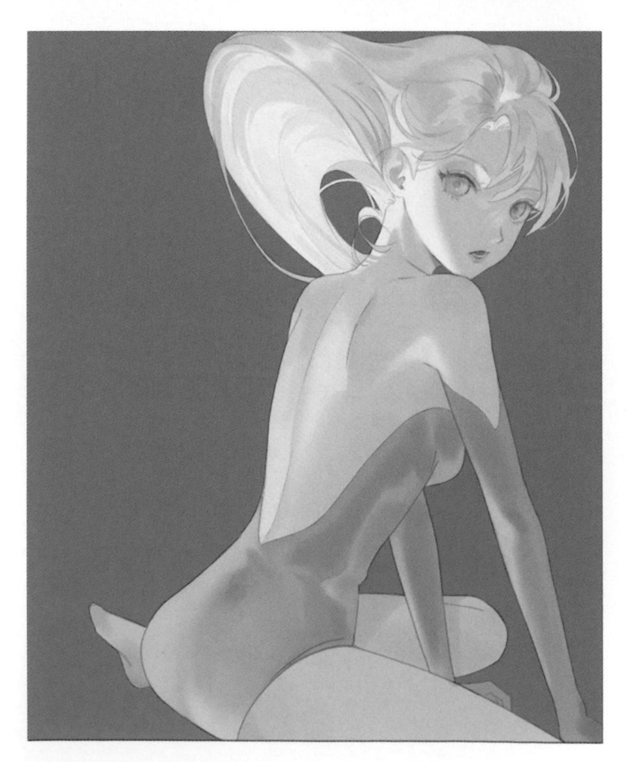

POINT »「濃水彩」筆刷、「模糊混色壓克力」筆刷的自訂項目

前面我在細部上色時所使用的「濃水彩」筆刷，以及帶點筆觸的壓克力風「模糊混色壓克力」筆刷，自訂內容如下。在此僅介紹我有自訂的項目，其他項目則保持預設值。

「濃水彩」筆刷

●「錐化」頁次的設定

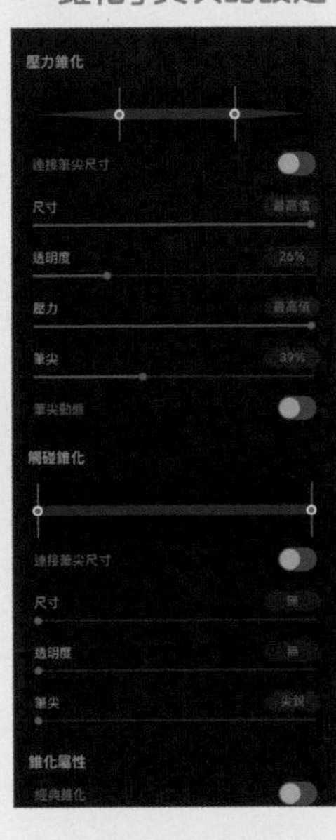

●「形狀」頁次的設定

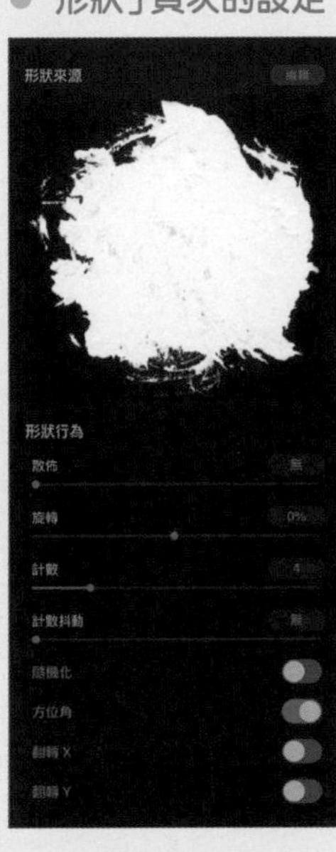

●「渲染」頁次的設定

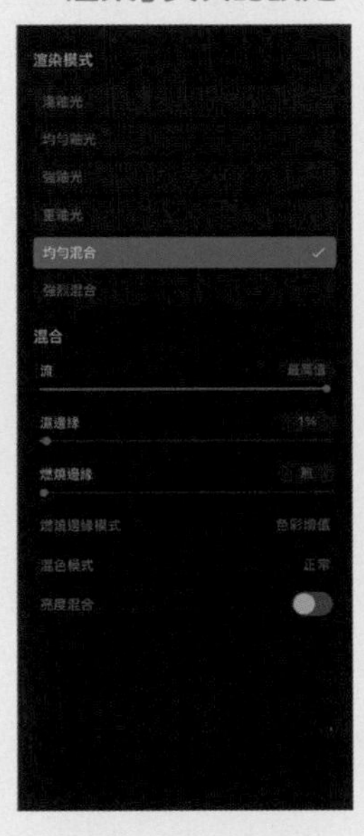

●「溼混合」的設定

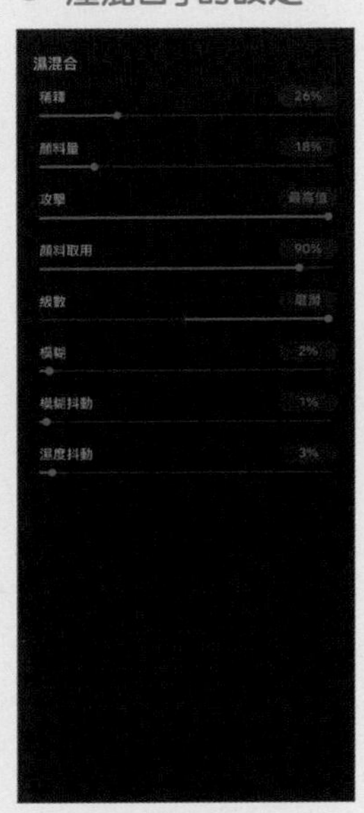

「模糊混色壓克力」筆刷

●「錐化」頁次的設定

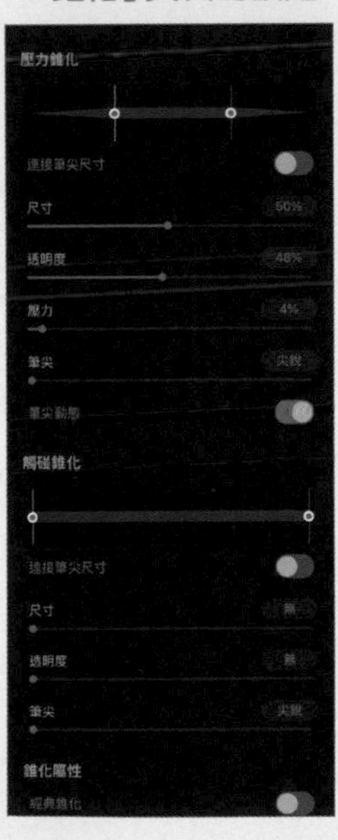

●「形狀」頁次的設定

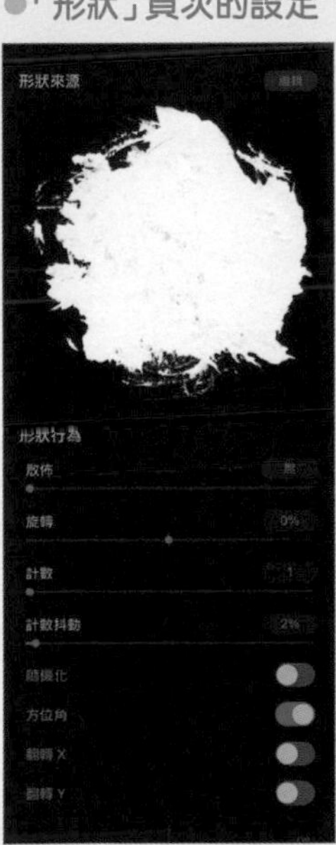

●「渲染」頁次的設定

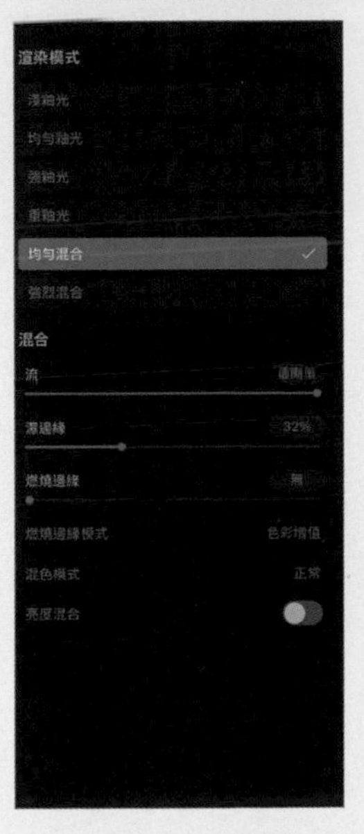

●「溼混合」的設定

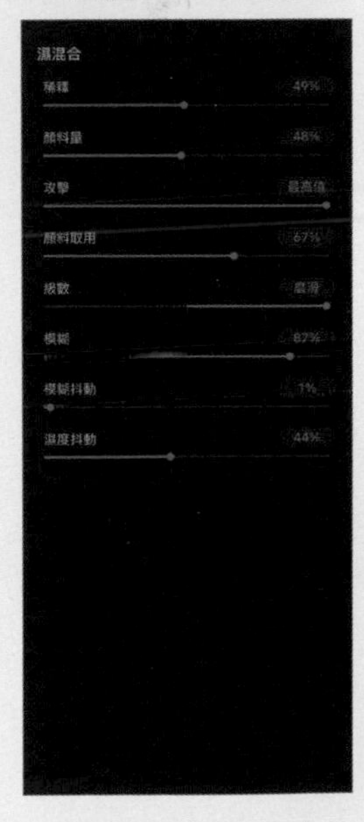

※ 編註：上圖中「形狀」頁次的筆刷來源圖片，是沿用 P.125「暈染」筆刷的設定，使用 Procreate 預設資料庫中的來源圖片（本例是選「Mess」）。匯入來源圖片的方式可參考 P.125。

在線稿的上層進行潤飾

為了讓人物顯得更有魅力，我在線稿圖層的上方新增一個圖層，替稍嫌不足的地方進一步潤飾。這裡主要是補強睫毛，以及替各部位的輪廓線條增添輕重層次。主要是用「濃水彩」筆刷，搭配取色滴管工具吸取顏色來潤飾。

由於我是在線稿的上層進行潤飾，所以也能直接畫上一些透明的裝飾（覆蓋線稿），讓衣服更有質感。

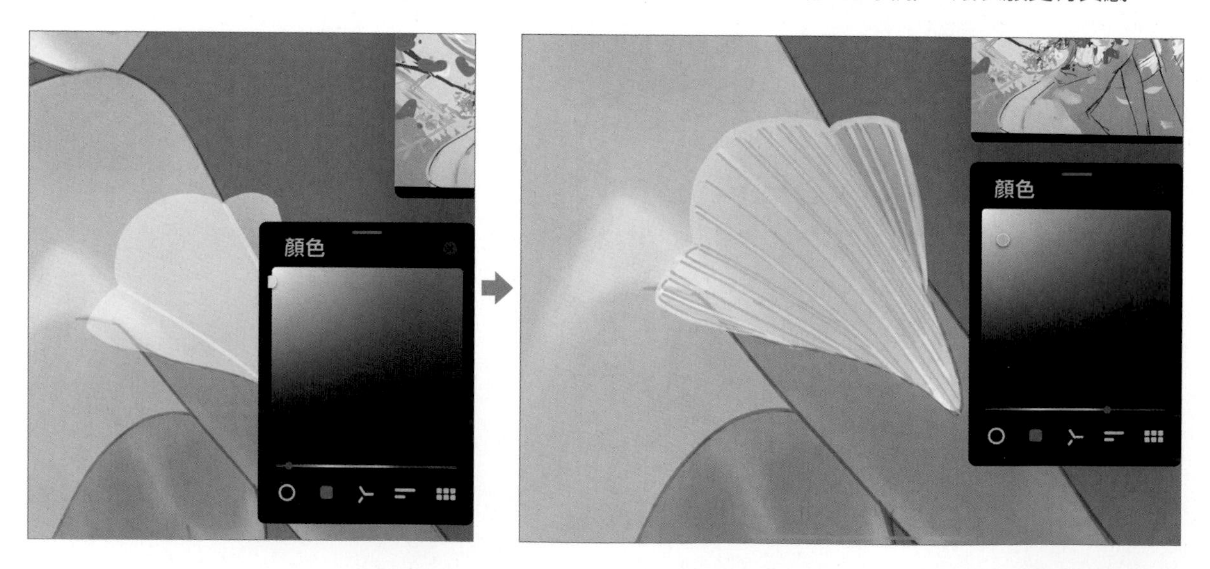

POINT » 描繪具有透明質感的裝飾

要描繪透明的物件時，建議先用硬邊的筆刷畫出裝飾範圍，用「色彩快填」功能填滿顏色，接著再用軟筆刷這類具有輕柔邊緣的擦除工具擦掉內部顏色，讓底下的圖隱約可見，即可表現出透明感。

人物背景的潤飾

在草稿中有部分長髮位於人物後方，我是將它們當作人物的背景來處理，因此省略了線稿與分層上色。接著就來描繪作為背景的長髮，請先用筆刷描繪填色範圍，使用「色彩快填」功能上色，再使用硬邊的擦除工具修飾出髮絲輪廓。接著請替此圖層開啟「阿爾法鎖定」，比照頭髮塗抹具深淺變化的水藍色。

人物的繪製到此就完成了。如果要轉存檔案，請記得儲存為 PNG 格式，以保留透明背景。

人物繪製完成

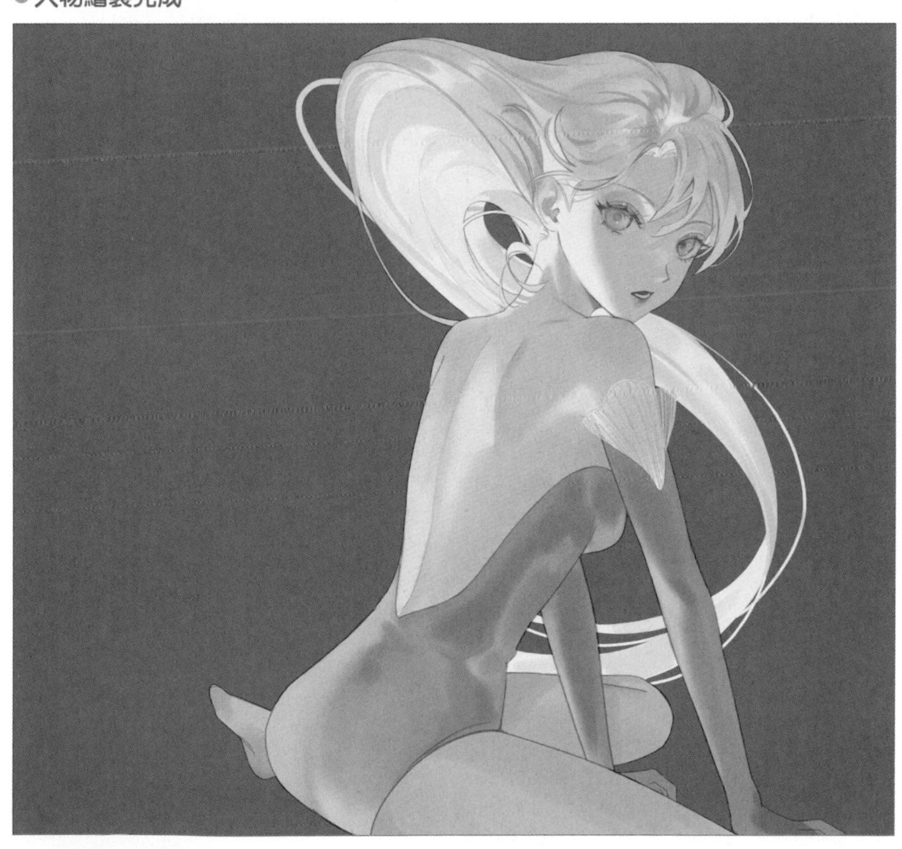

抽象物的清稿

接著要來處理人物身邊的抽象物，我是從Procreate圖示發想出來的，以下就活用各種工具揮灑出Procreate特有的表現。

在檔案中置入人物的完稿

本章的開頭（P.114~P.115）已經將抽象物和人物草稿畫在不同的畫布，因此請回到畫有插畫完整草稿的畫布操作，請執行「操作 / 添加 / 插入一張照片」命令，插入前面完稿的人物（PNG 格式圖像）。

請在抽象物的草稿圖層上方新增圖層來畫，將草稿圖層隱藏，並在「參照」視窗中置入草稿，接著會吸取參照視窗中的顏色來上色。

POINT »在圖層受限的情況下作畫的解決方法

筆者這個畫布的最大圖層僅限於 6 個，所以在畫抽象物時會持續將畫好的圖層合併。

● 抽象物1「油漆」

首先我會從離人物最近的抽象物開始畫。吸取參照視窗中的草稿的顏色，使用自訂的「平塗筆刷」(筆刷作法請參考 P.118)，描出填色區域，然後用「色彩快填」功能填色，並修飾外形。

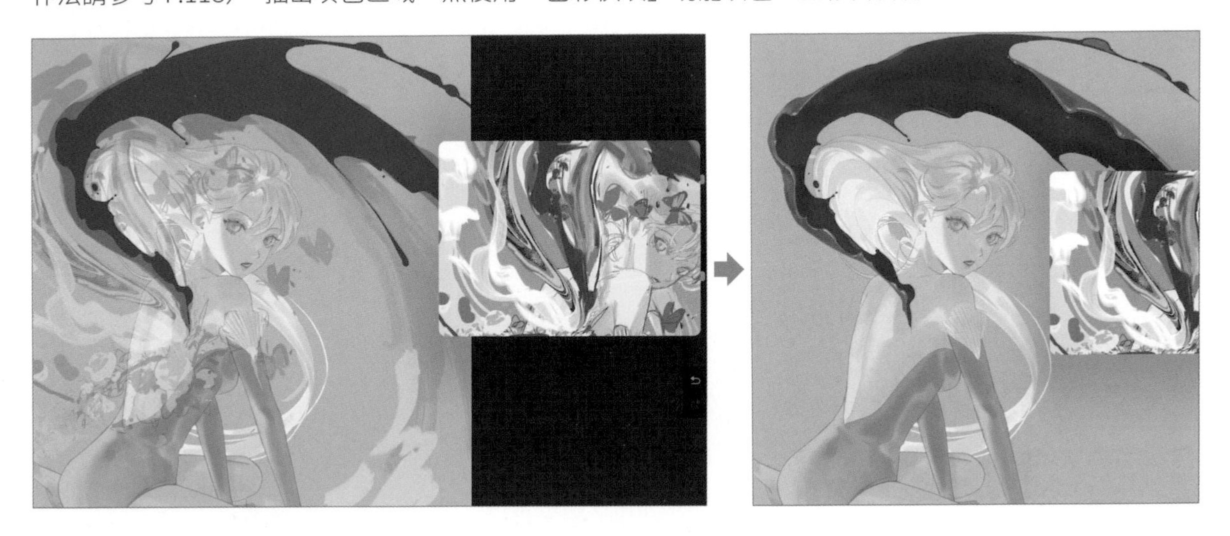

在此我想要表現的是油漆飛濺的感覺。
因此我用自訂的「暈染」筆刷畫陰影以增添立體感，再用自訂的「濃水彩」筆刷畫上邊緣的亮部細節，以表現出顏料的濃稠度與光澤感。

● 抽象物2「大理石花紋」

1 新增一個圖層，比照抽象物 1 使用「平塗筆刷」和色彩快填功能來描繪外形。

2 替這個圖層套用阿爾法鎖定，使用「平塗筆刷」如圖配置好深灰色與米色的區域。

3 請解除此圖層的阿爾法鎖定，執行「調整／液化」命令，並選擇「推離」模式，這樣就會將底色和重疊色變形成大理石花紋的模樣。

● **推離的設定**

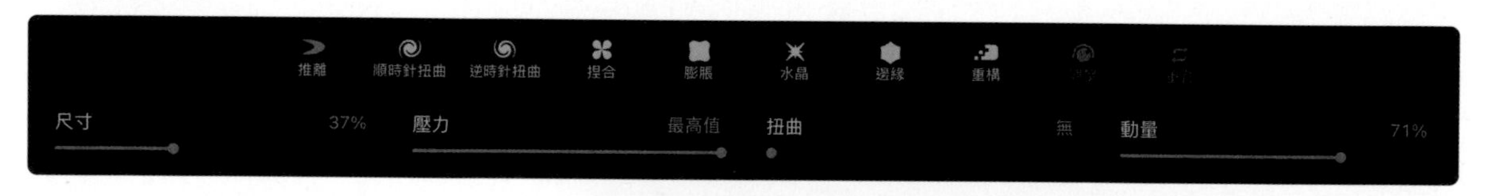

4 使用「上漆／松節油」筆刷，在物件上塗抹，可進一步混合液化變形物件的顏色。

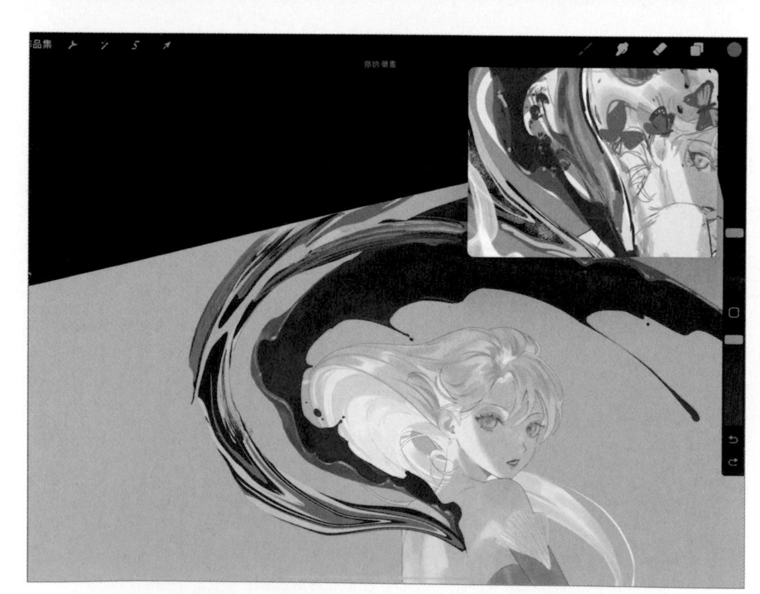

MEMO

我畫的抽象物 2 刻意畫出「大理石花紋」，就是想表現 Procreate 的液化工具可以畫出大理石花紋的特色。

抽象物 3「筆刷的筆觸」

1 用內建的「上漆 / 油畫顏料」筆刷模擬筆觸。首先使用做為基底的綠色畫出流線的感覺。

2 用自訂的「濃水彩 1」筆刷疊上藍色與水藍色。

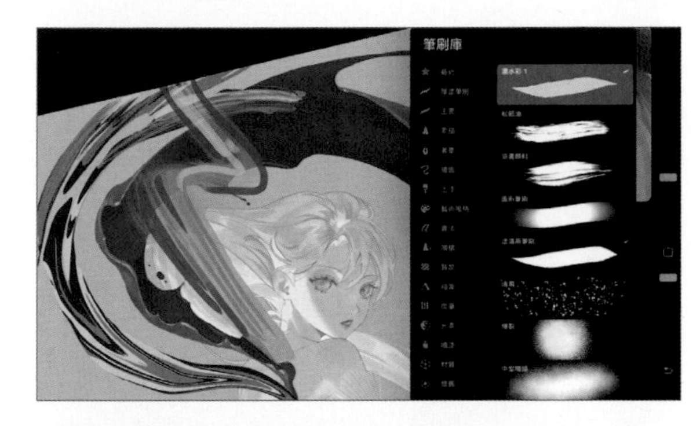

3 再使用內建的「上漆 / 油畫顏料」筆刷替這些顏色混色，設法營造出逼真的畫筆痕跡。

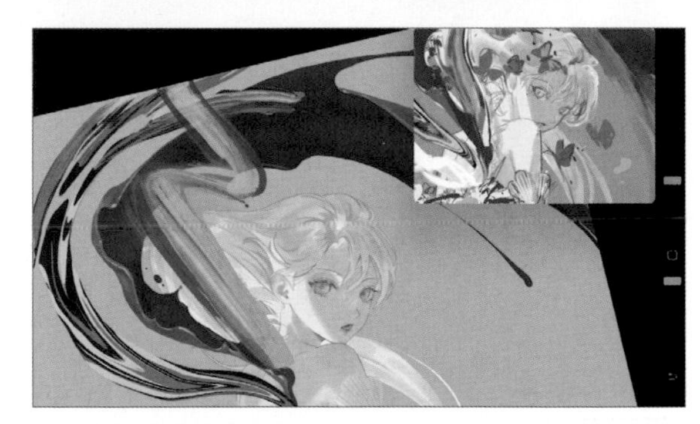

4 繼續比照相同的方法，讓畫面更豐富。我是用「濃水彩」筆刷，表現出彷彿用多支畫筆繪製而成的顏料聚合物。

5 繼續用「濃水彩 1」和「油畫顏料」筆刷，表現出手繪般的筆觸。
這裡有一點需要特別注意的是，我每畫完一個抽象物，就會將抽象物的圖層合併（若是可用圖層足夠，即可忽略這點）。

> **MEMO**
>
> 如圖這種寫實逼真的筆觸，是用多種顏色疊出來的，利用內建的「油畫顏料」筆刷以及「松節油」筆刷巧妙混色即可表現出來。

POINT »「濃水彩 1」筆刷的自訂項目

這裡的「濃水彩 1」筆刷，是我將自訂的「濃水彩」筆刷複製後，修改成輪廓帶有硬邊的水彩筆刷。

● 筆畫路徑 / 筆畫屬性

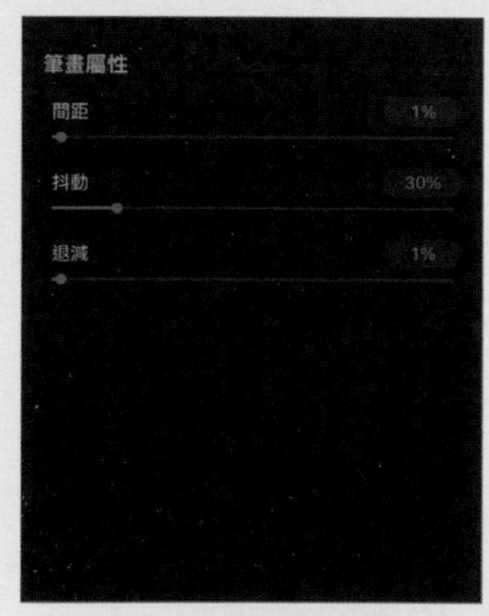

●「錐化」頁次的設定

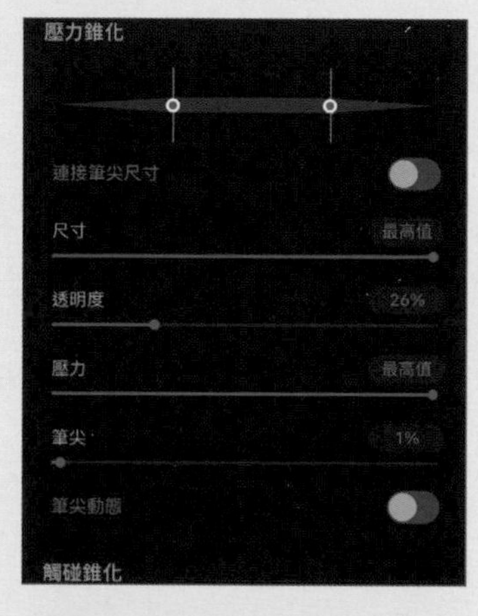

●「形狀」頁次的設定

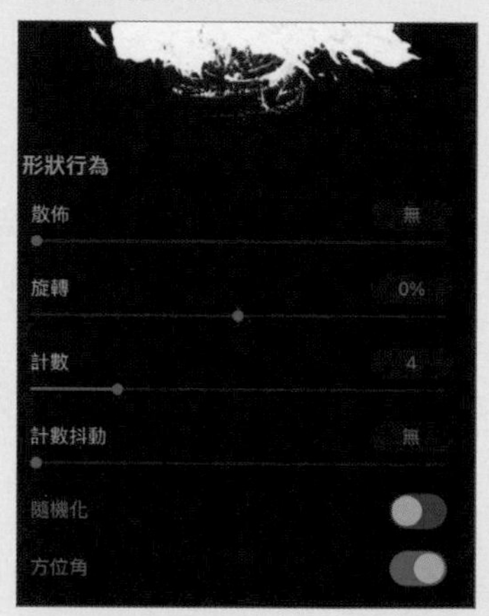

●「渲染」頁次的設定

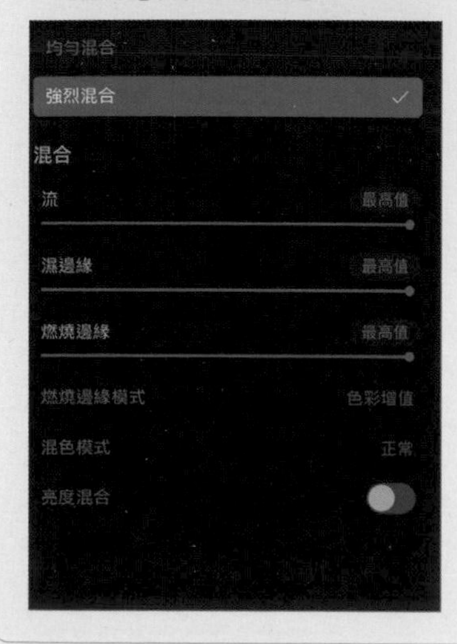

●「溼混合」頁次的設定

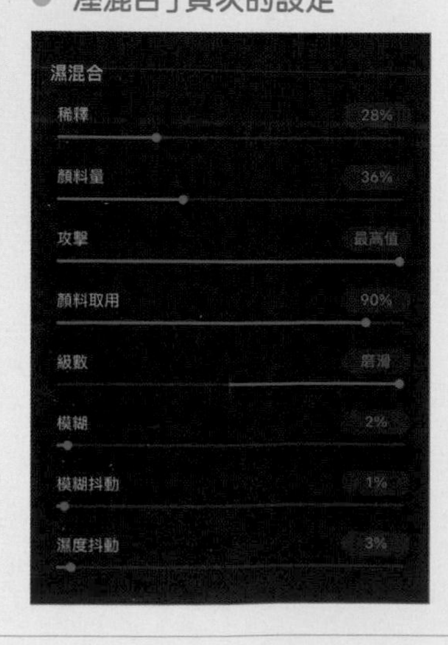

●「屬性」頁次的設定

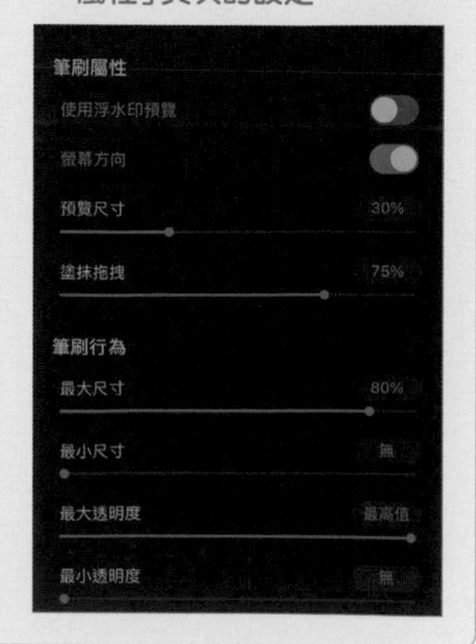

抽象物4「火焰」

1 使用內建的「元素／火焰」筆刷，在人物的背上描繪出火焰般的抽象物。

2 再次使用液化工具的「推離」模式，替火焰增添層次變化。

MEMO

在推離的動向上多花點巧思，一點一點地變形，可讓火焰帶有粗細不同的變化。

追加人物後面的髮絲

請在人物圖層的下方新增一個圖層，接著要比照「抽象物3」的繪製步驟，用「濃水彩1」筆刷和「油畫顏料」筆刷，在人物的後方拉出長長的筆觸，就像揮灑的長髮，畫好後請和人物圖層合併。

自然物的清稿

1 在這幅插畫中，除了前面所畫的抽象物之外，還有花草樹木之類的自然物。接著就要根據草稿來描繪這些花朵與樹木。首先請使用「平塗筆刷」如圖描繪出如流水般延展的樹枝。

2 使用「濃水彩 1」筆刷在樹枝上添加葉子與花朵。

POINT »用筆刷畫花的技巧

這些引人注目的花朵，畫法是先用「平塗筆刷」畫出色塊輪廓，再用「濃水彩」筆刷或「濃水彩 1」筆刷描繪花朵內部的細節，請參考下圖來描繪。

3 描繪這些花朵，感覺就像是在插花一樣，請參考草稿，思考整幅畫的視覺平衡，描繪出蓬勃綻放的花朵。

4 針對畫出來的花朵，也要仔細修飾這些醒目的部分，避免與人物的品質有明顯的差距。

5 將自然物都畫好之後，請新增圖層並建立剪切遮罩，接著要做的是模擬撒上金箔的加工處理。
請用「軟筆刷」刷出接近金屬光澤的流線，然後用「噴漆／滴濺」筆刷撒上閃耀的光點，接著請把此圖層的混合模式變更為「變亮」，再與自然物所在的圖層合併。

圖層的混合模式

新增更多抽象物

1 繼續新增一些類似筆觸的抽象物。使用「濃水彩」筆刷和「油畫顏料」筆刷，模擬帶有顏料的筆觸。

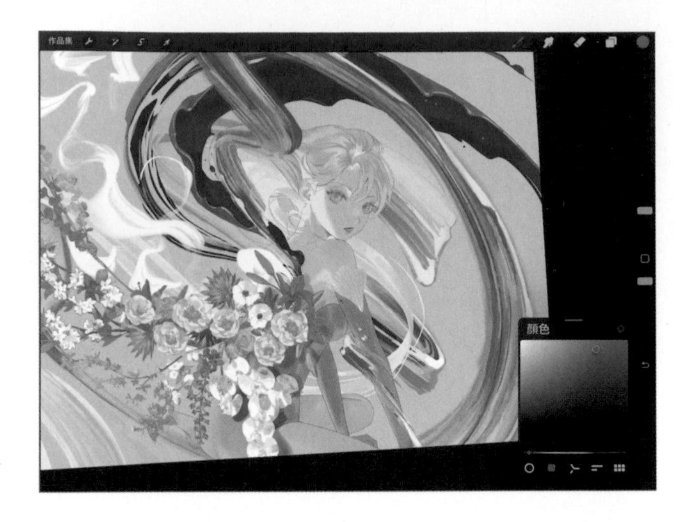

2 接著使用「抽象／六邊向量」、「抽象／立體三角」等特殊筆刷，在背景增添色彩，讓畫面充滿色彩繽紛的感覺。目前的圖層結構，由上而下依序為：抽象物草稿（插入的圖像）、自然物、人物左手臂附近的抽象物、背景的抽象物等。

POINT »享受特殊筆刷帶來的意外驚喜

使用「抽象／六邊向量」、「抽象／立體三角」這些特殊的筆刷時，你會發現畫出來的顏色可能會跟你目前所選的顏色不同，使用時不妨享受這種意外性帶來的樂趣吧！

蝴蝶的清稿

1 接著要在畫面上點綴飛舞的蝴蝶，請新增圖層，執行「操作／畫布」命令開啟「繪圖參考線」，再執行「操作／編輯繪圖參考線／對稱」，這樣一來，就能畫出左右對稱的蝴蝶。

2 請長按此圖層的核取方塊，讓「蝴蝶」圖層單獨顯示。接著用「平塗筆刷」和色彩快填功能畫出蝴蝶形狀。只要畫出右邊，就能自動完成左邊圖案。

3 替此圖層開啟阿爾法鎖定，然後用「暈染」筆刷、「濃水彩」筆刷，如圖描繪蝴蝶翅膀的內部細節。

4 請運用對稱功能，繼續在這個圖層中畫出 4 種不同的蝴蝶。

POINT »繪圖參考線「對稱」的活用

繪圖參考線「對稱」只需要畫其中一半的圖，就會自動幫你畫出另一半的圖。想要畫左右對稱的圖時務必活用。

5 接著我要在相同的圖層內複製這 4 種蝴蝶。首先請執行「調整／克隆工具」命令。

6 請把圓圈配置在要複製來源的地方（如圖中的藍綠色蝴蝶翅膀），然後用「平塗筆刷」這類不透明的硬邊筆刷，在想要複製的地方塗抹，即可將配置圓圈的周圍複製在同一個圖層中。

7 此外，你也可以將蝴蝶切一半，利用克隆工具來複製出單邊的翅膀。
也可以搭配使用「選取／自由形式」或「扭曲」等變形工具來變形蝴蝶。

8 反覆進行複製、分離翅膀、變形等動作，然後協調地將 4 種蝴蝶配置在畫面上。

9 請確認解除克隆工具的複製功能與繪圖參考線，接著請使用「濃水彩」筆刷，描繪出蝴蝶的觸鬚和身體細節。

10 將需要的物件都畫好後，進一步用「調整／色相、飽和度、亮度」或「曲線」等功能，調整作品整體的色彩平衡。

最終調整

最後在最下方新增圖層，製作漸層背景，並適度追加抽象物等潤飾，插畫就完成了。

※本書的書衣設計，是另外將這幅插畫的背景圖層置換成螢光粉紅色。

Chapter

11

特殊功能與推薦的配件

文・Necojita

添加文字

Procreate有內建「添加文字」功能，可以在畫布上輸入和編輯文字。當你要組合插畫與文字時，或是要根據文字繪製草圖時，可善用此功能。

文字框的添加與編輯方法

添加文字框

要在畫布內添加文字時，只要執行「操作／添加／添加文字」命令，就會出現一個「文字框」，框內預設會顯示「文字」兩個字，在文字框內按一下，即可修改成想要的文字。「文字框」兩端的藍色圓點是用來控制寬度，若按住藍色圓點並往左右拖曳，即可調整文字框的寬度。

●添加的文字框

文字輸入設定

若在文字上雙按，可在選取文字的狀態下開啟「編輯樣式」面板。在這個面板中，可確認字型的種類，或是變更對齊方式等操作。此外，如果點按字型名稱(右圖為「Eina 01」)，就可以開啟下一頁所解說的「編輯字體樣式」面板。

●連按兩次以選取文字

POINT »關於文字圖層

在 Procreate 中添加的文字，會自動新增一個「文字」圖層來置放(在圖層面板的縮圖顯示「A」圖示)。添加的文字框可以隨時編輯，但是如果用變形工具或是調整工具修改，會把文字變成圖像(點陣化)，圖像化之後就無法再修改文字的內容了。

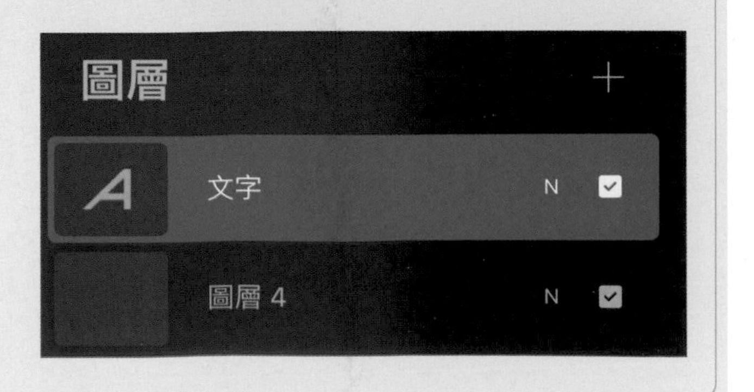

變更文字的字體設計或屬性

編輯字體樣式面板

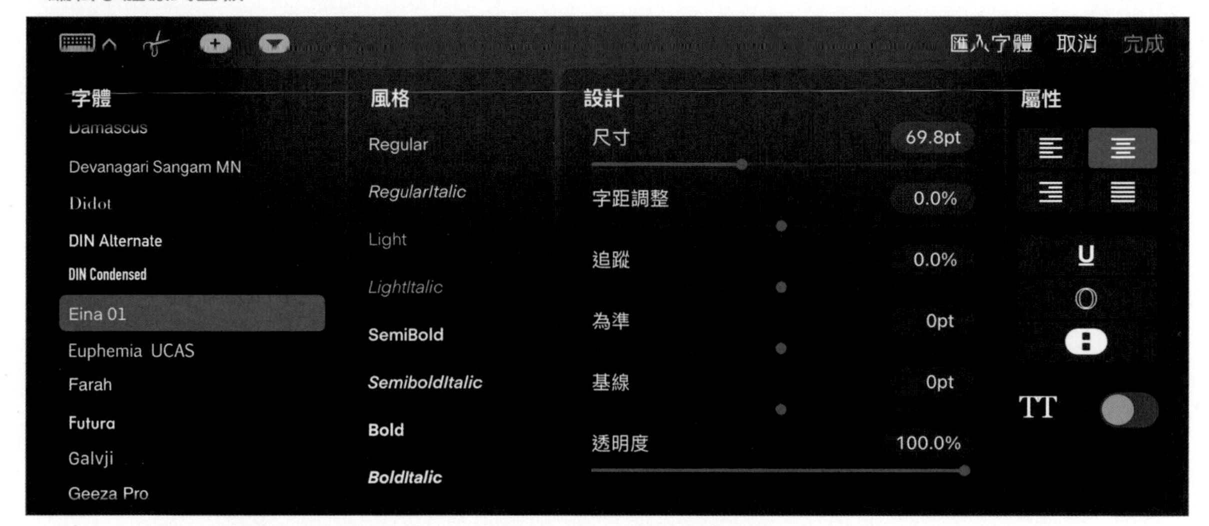

尺寸

可調整字體的大小。當文字呈選取狀態時，只會變更選取中的文字。

字距調整

調整游標配置處的文字間距。

追蹤

調整文字整體的文字間距。

為準

調整文字的行距。

基線

上下調整文字基線的位置。

透明度

調整文字的透明度。可和圖層的透明度分開設定。

屬性

可設定字體的對齊方式、加底線、加外框、切換橫式或直式、設定讓所有文字大寫等。

U Procreate

O Procreate

Procreate

TT PROCREATE

MEMO

在「編輯樣式」面板中點按字型名稱，就可以開啟上面的「編輯字體樣式」面板。此外，若按下螢幕鍵盤上的「Aa」鈕，也可以開啟字體樣式的編輯畫面。

3D繪圖

Procreate從5.2版本開始新增了3D繪圖功能。從這個版本開始，你不只可以畫平面的繪圖，還可以支援3D畫布，大大拓展了創意的廣度。

3D繪圖用的畫布

只要把 3D 模型導入 Procreate，就會被 Procreate 辨識為可供 3D 繪圖的檔案來編輯。因此如果想練習 3D 繪圖，必須先準備內含「UV 貼圖」立體畫布的檔案，若你沒有檔案，可下載 Procreate 預設的 3D 模型包來試用看看。

請執行「操作／幫助／下載 3D 模型包」命令，稍等一下讓系統匯入，就會在「作品集」中看到 8 種預設的 3D 樣本模型包，首先就從預設樣本來試著玩玩看吧！

● 下載3D模型包

8 種 3D 樣本模型檔案

下載完成之後，回到「作品集」畫面，就會發現已經匯入這 8 種 3D 模型檔案。

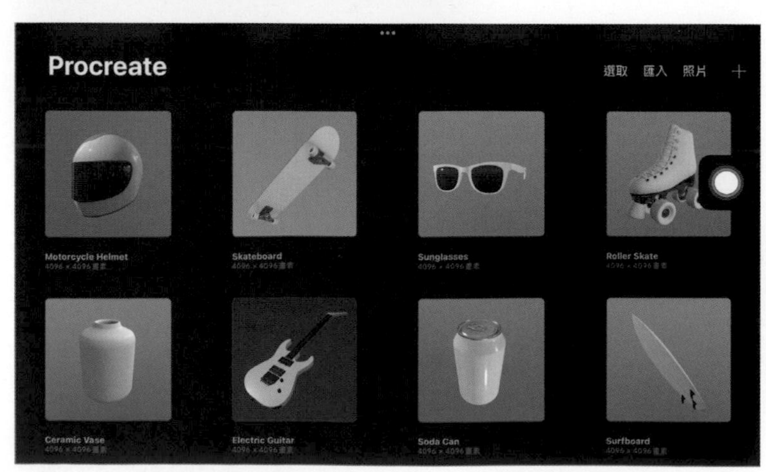

· Motorcycle Helmet（安全帽）
· Skateboard（滑板）
· Sunglasses（太陽眼鏡）
· Roller Skate（溜冰鞋）
· Ceramic Vase（瓷器花瓶）
· Electric Guitar（電吉他）
· Soda Can（汽水罐）
· Surfboard（衝浪板）

3D繪圖使用的材質筆刷

只有在使用 3D 繪圖時，可以追加光澤或金屬質感。點按「筆刷庫／材質」，即可點選設定了這類質感的筆刷。利用這類筆刷，可畫出閃閃發亮的金屬質感，或是生鏽的金屬。本例是用「阿瓦隆」筆刷描繪金屬光澤。

● 金屬質感的筆刷

使用的筆刷「阿瓦隆」

用「筆刷工作室」試畫3D繪圖

開啟「筆刷庫」，進入「筆刷工作室」。如果選擇的筆刷有支援 3D 繪圖材質，可在這個視窗右側的 3D 球體上試畫。切換到「材質」頁次，可變更「金屬」或「粗糙度」等質感來源和調整數值。如右圖的「粗糙度來源」，是按「編輯」鈕再按「匯入」，選擇「來源照片庫」中內建的「Macro Paper」材質。

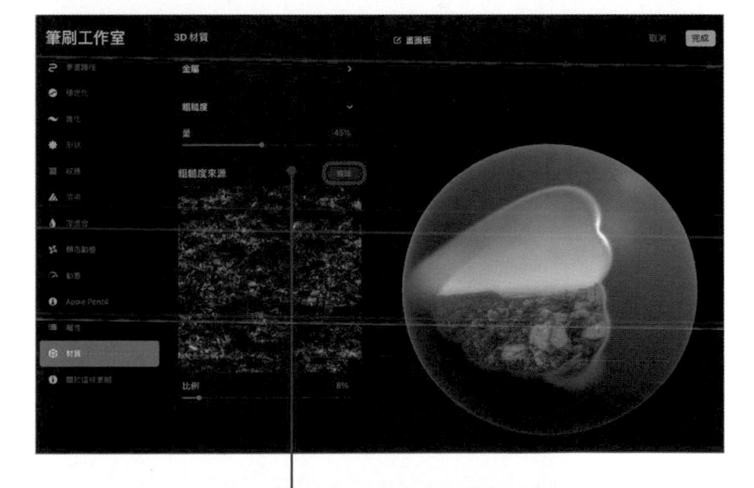

「3D材質」的設定

- 金屬

可替筆刷增添金屬反射的量。

- 粗糙度

可調整光澤的量。「量」為 0% 時材質就會變成霧面。

自訂照明與環境

若要變更 3D 模型受光的位置與強度，可執行「操作／3D／編輯照明 & 環境」命令，進入「燈光工作室」。加入的光源看起來是「帶圓角的立方體」，並且會飄浮在半空中，按右上角的「添加光」可增加光源（最多增加到 4 個）。

加入照明之後，點按右上角的「環境」，還能選擇周圍的色調與風景。如果有使用「金屬」筆刷上色就會反射環境顏色或風景，想確認 3D 模型的反射時請善用此功能。

● 燈光工作室面板，照明（光源）最多可以增加到 4 個

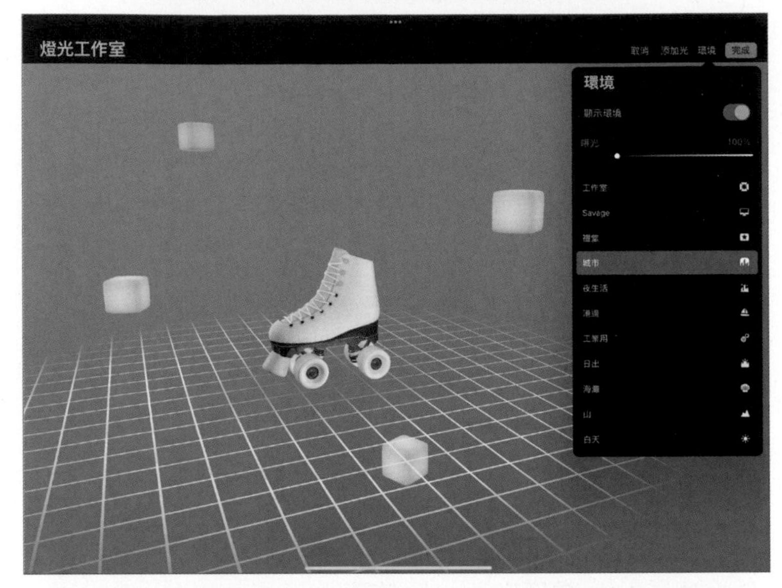

光設定

點按任一個光源可開啟「光設定」面板。光源的強度與到 3D 模型的距離無關，而是取決於「強度」的值。想要改變光源的顏色時，可提高上方「色相」和「飽和度」的值。配置「光源」時，請注意要符合 3D 模型的三維角度。

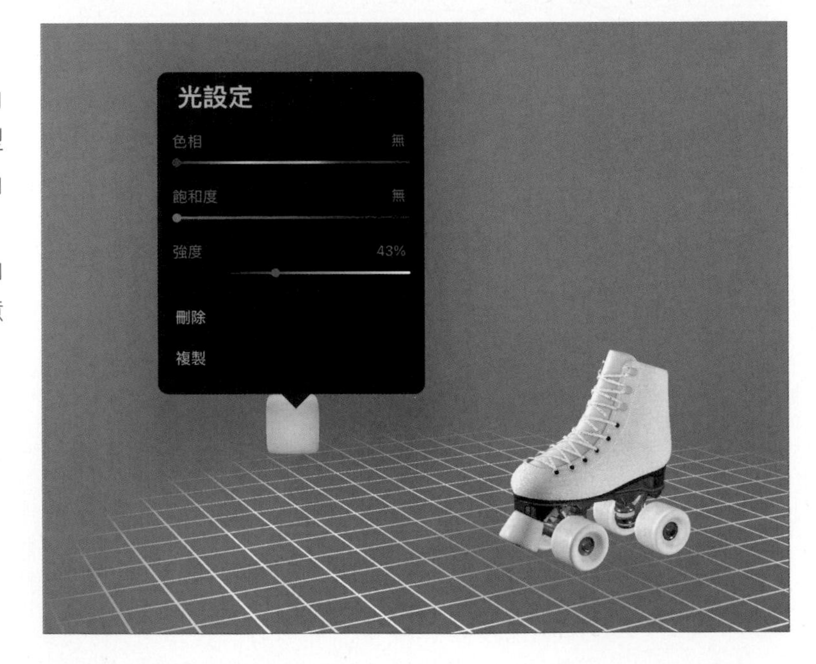

POINT » Procreate 與 3D 建模軟體的相容性

UV 貼圖上除了繪圖以外的部分，與其他軟體並不相容，僅供確認光源效果。Procreate 中的光源配置只適用於這個軟體，如果要將這個 3D 模型再置入其他 3D 軟體使用，必須於該軟體再次設定光源。

試著在3D模型上作畫

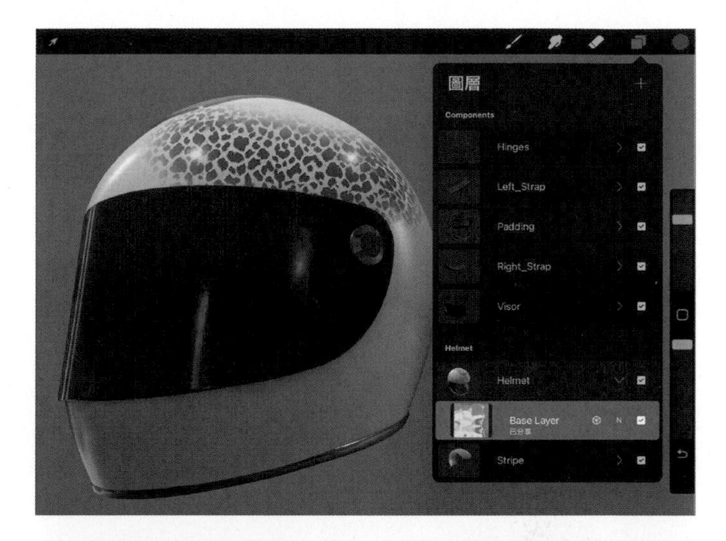

3D 模型的 UV 貼圖就像是 3D 模型物件的包裝紙。右圖是以預設樣本的安全帽模型為例，展開圖層面板，會發現每個零件都有專屬的 UV 貼圖。

你可以點選各零件的圖層來作畫。預設的 3D 模型大小都是 4096 × 4096 像素，可直接用筆刷作畫 (右圖是使用「材質／弗諾」筆刷)，你也可以用「色彩快填」填色。但是只能在直視的角度 (面對鏡頭的這一面) 作畫，無法畫在直視角度以外的範圍。

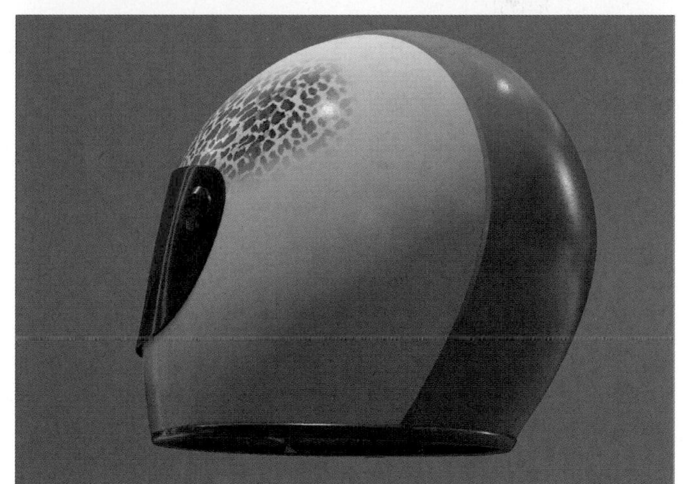

就像右圖這樣，如果想畫其他的面，要將 3D 模型轉到其他角度來畫。有時在直視角度範圍內畫好的圖案，轉向後可能會有點變形。若要畫規則的圖樣，建議將模型轉到各角度描繪與檢視。

貼圖

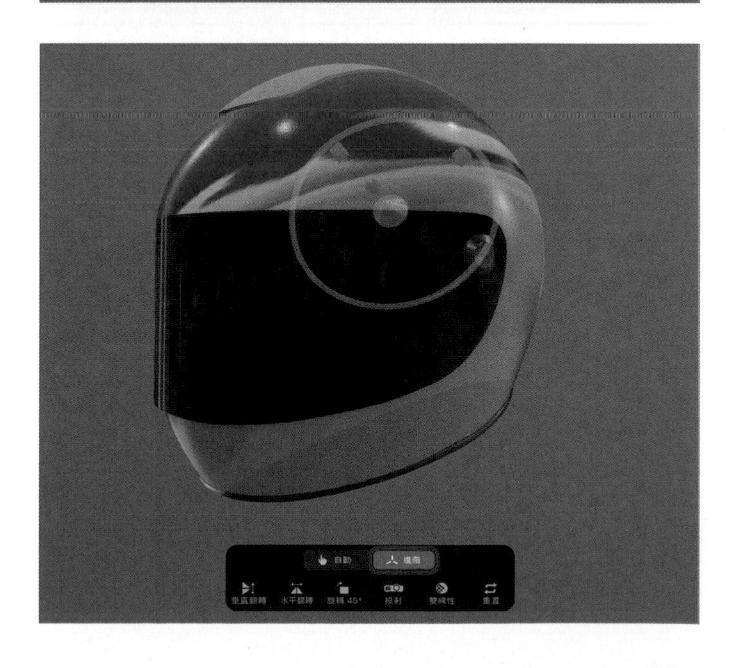

你也可以替 3D 模型貼圖，只要執行「操作／插入一張照片」命令，就會將圖像貼附到 3D 模型，而且會順著模型的表面彎曲。如果貼上的圖像很小或位置不符合預期，可以再手動調整。只要用變形工具，將面板切換成「進階」模式，就可以調整貼圖的大小和位置 (只有在 3D 繪圖時可以切換成「進階」)。

製作動畫

Procreate 也可以製作動畫，使用「動畫輔助」功能即可開啟「播放」面板，建立多個影格即可製作成動畫。除了一張一張繪製，也可以用變形工具快速製作。

開啟動畫輔助功能

執行「操作／畫布／動畫輔助」命令，會切換成動畫製作畫面。在此模式中，畫布下方會顯示「播放」面板，包含影格和時間軸的設定，會將一個圖層當作動畫的一個影格。你可在此調整每個影格（圖層）的內容，按「設定」鈕可進一步控制播放速度。

時間軸

「背景」與「前景」

點按「時間軸」的每個影格，會顯示「影格選項」。最左邊的影格會有個「背景」開關，最右邊的影格則會有個「前景」開關，可利用這兩個功能，配置想要當作動畫背景或前景的圖像。

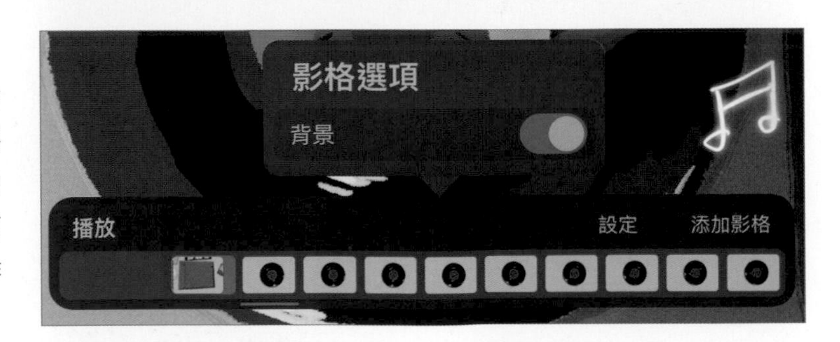

用變形工具輕鬆製作動畫

活用圖層群組

製作動畫時，可將複雜的物件先建立成一個圖層群組。右圖這個範例中，是將唱片的黑色圓盤和紅色標籤分別畫在不同圖層上，建立成一個群組，將它們置中對齊配置。

● 在群組內對齊圖形

使用變形工具增添動作變化

動畫影格如果要一張一張地慢慢畫，實在太費力，其實只要複製圖層或是圖層群組，就會成為新的影格，再用變形工具調整，即可輕鬆地完成動畫。

右圖的動畫範例，就是將唱片的群組複製後，用變形工具以 -15 度角漸次改變角度，即可完成唱片不斷旋轉的動畫。

● 以-15度角漸次旋轉

分享動畫

執行「操作／分享」命令，在選單的「分享圖層」下方選擇動畫格式，輸出後就完成了。製作好的動畫預設沒有音效，如果需要後製或是加上音樂，可將影片再置入「iMovie」這類影片編輯軟體做進一步的處理。

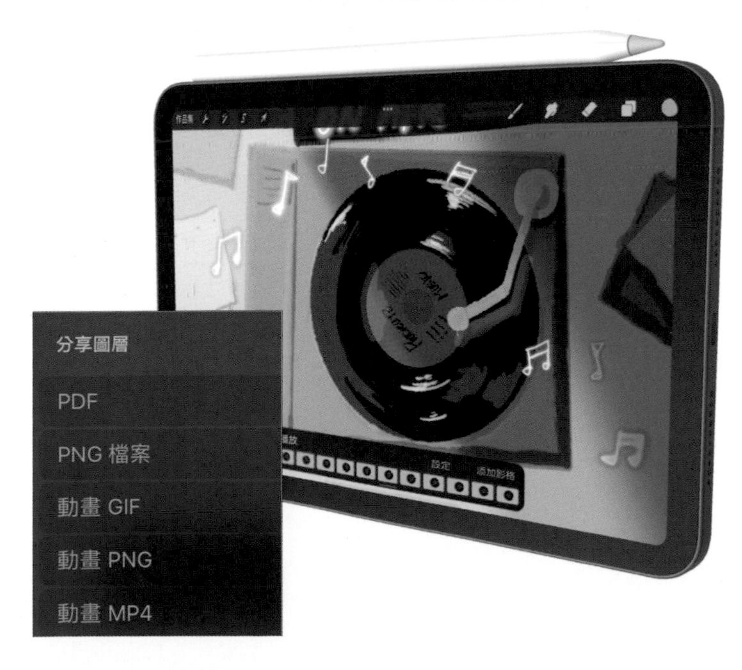

用「頁面輔助」功能編輯 PDF

Procreate 也可以編輯 PDF，使用「頁面輔助」功能就可以替匯入的PDF檔加入註解，或是直接手寫筆記。每個圖層都會自成一頁。

頁面輔助的設定

在 Procreate 的「作品集」畫面按「匯入」鈕，可匯入 PDF 檔案來編輯（詳細步驟請參照右頁）。匯入後，執行「操作／畫布」命令，會發現已開啟「頁面輔助」功能。此功能會自動將 PDF 檔的一頁轉換成一個圖層，並且在畫布下方開啟「頁面輔助」面板，其中會顯示每一個圖層（每一頁）的縮圖，點按各頁的縮圖就可以切換頁面，不需再透過圖層面板即可切換。

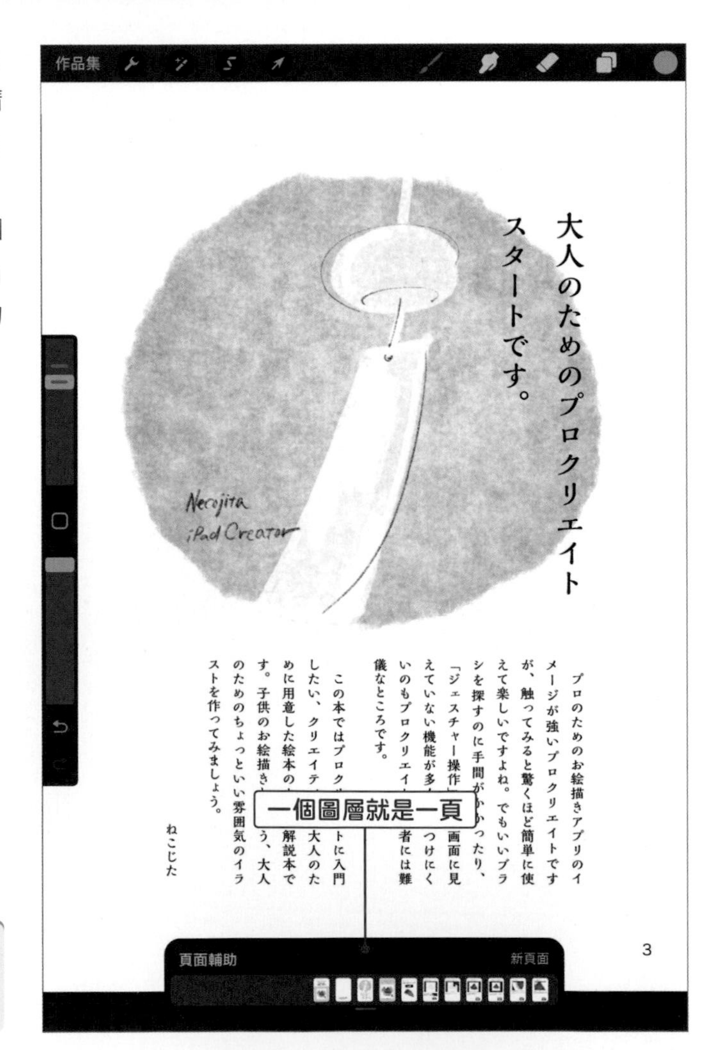

> **MEMO**
> 匯入的 PDF 檔會全部變成圖像，每一頁整合成單一圖層，無法重新編輯文字。

頁面選項與「背景」

和動畫功能一樣，點按單一頁面可開啟「頁面選項」，若將最左邊的頁面設定為「背景」，它會成為所有頁面的底圖。接著就可以點選每一頁，在 Procreate 中編輯或手寫筆記。

匯入 PDF 檔的方法

要匯入 PDF 檔時，請回到「作品集」畫面，點按右上方的「匯入」，然後就可以選擇 iPad 中的 PDF 檔案來匯入（需要先將 PDF 檔準備好）。你也可以在瀏覽 PDF 時轉到 Procreate 開啟，方法是在 PDF 的瀏覽視窗按右上角的「分享」鈕，從選單中點按 Procreate 圖示，即可匯入到 Procreate 中。

●在「作品集」畫面按「匯入」後可選擇匯入 PDF

手寫字適合的筆刷

Procreate 中有多種適合用來手寫文字的筆刷。這類筆刷的粗細、透明度比較不會受到筆壓的影響，很適合用來寫字。筆者推薦下列這些筆刷，它們的預設粗細較小，調整尺寸比較容易。

· 素描／納林德鉛筆
· 素描／Procreate 鉛筆
· 著墨／中性筆
· 著墨／針筆

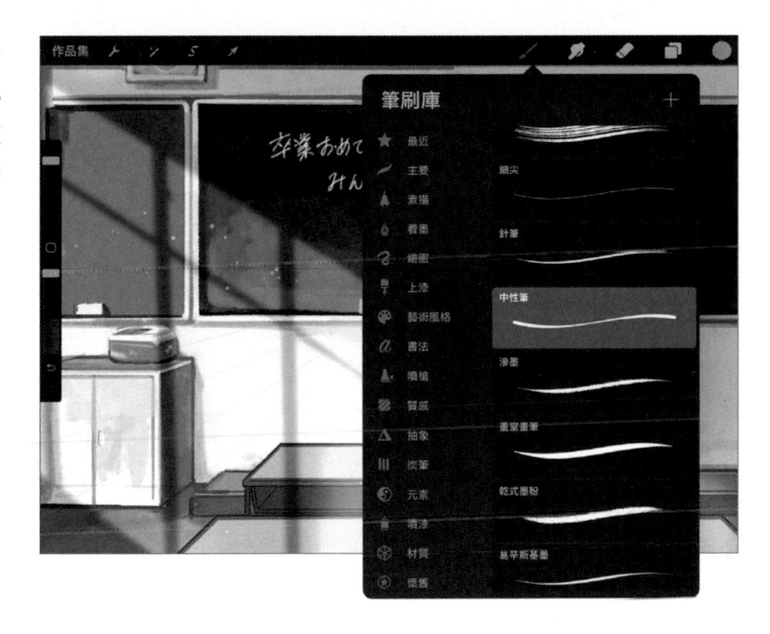

POINT »手寫字的穩定化設定

手寫文字時，如果筆刷內建的穩定化太強，可能會無法順利寫字。如果你的目的「只是想要寫筆記」，可開啟「筆刷工作室 / 筆畫路徑」，將「抖動」的數值降低。如果你希望慢慢手寫的字看起來更漂亮，可切換到「筆刷工作室 / 穩定化」頁次，稍微調高「動態濾鏡」的量。

推薦的iPad配件

接著將為你介紹多種使用 iPad 畫畫時非常好用的配件。雖然 Apple 原廠的配件已十分出色，但其實副廠也有推出許多相當實用的產品喔！

Apple Pencil 專用筆套

HB 鉛筆造型 Apple Pencil 2 代保護套

這種矽膠材質的保護套，如果裝在 Apple Pencil 上，可改變粗度與防滑度。近年來產品種類愈來愈多，其中不乏在設計上饒富趣味的產品。不過，筆套的安裝和拆卸較花時間，不適合經常性地替換使用。

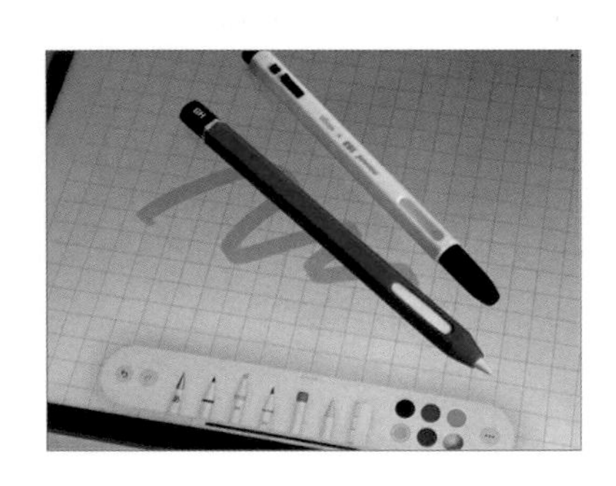

品名：Elago Apple Pencil 2 代經典筆套 限定款 (矽膠保護套)
定價：650 元 (台灣售價)
製造廠商：elago
推薦度：★★★

● Apple Pencil 專用替換筆尖

ELECOM Apple Pencil 替換筆尖 (2 入)
金屬材質 極細 粗細 1mm

這是 Apple Pencil 專用的替換筆尖 (Apple Pencil 一代、二代皆可使用)。「極細」 款的筆尖只有 1mm，外觀類似自動鉛筆。由於是金屬材質，堅固耐用；比原廠筆尖更細的筆尖，繪畫時會更容易檢視畫面。下筆時的觸感稍硬且滑順，建議搭配螢幕保護貼使用。每盒有 2 個筆尖，性價比優異。

品名：ELECOM
Apple Pencil 1mm
替換筆尖 2 入
定價：690 元
(台灣售價)
製造廠商：ELECOM
推薦度：★★★

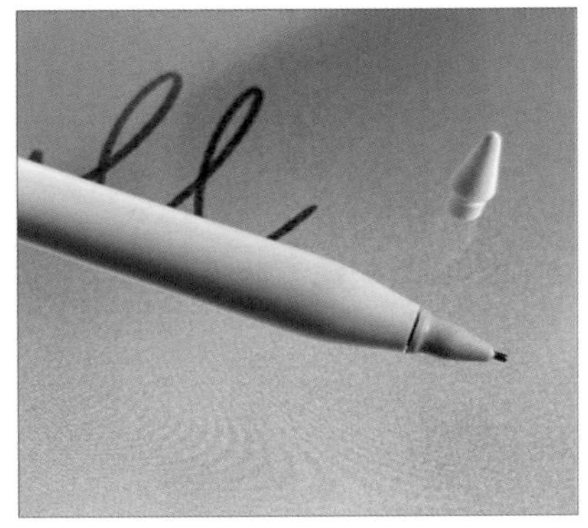

Apple Pencil 筆尖 (3.0) (5.0) (6.0)

此品牌提供 3 種不同粗細的金屬材質筆尖，每種粗細在設計上也有所差異。筆者實際試用最細的 (6.0) 版本 (照片中的黑色筆尖)，畫起來的感覺很像是自動鉛筆。不過因為筆尖太細，當 Apple Pencil 傾斜時繪圖的位置會有點偏移，這一點必須能夠忍受 (有些繪圖軟體也可使用修正功能改善這點)。

品名：Apple Pencil ペン先
アップル ペンシル タッチペン iPad あっぷるぺんしる
(3.0) / (5.0) / (6.0)
定價：598～898 円 (含稅)
製造廠商：
山 North Fire and Life
推薦度：★★★

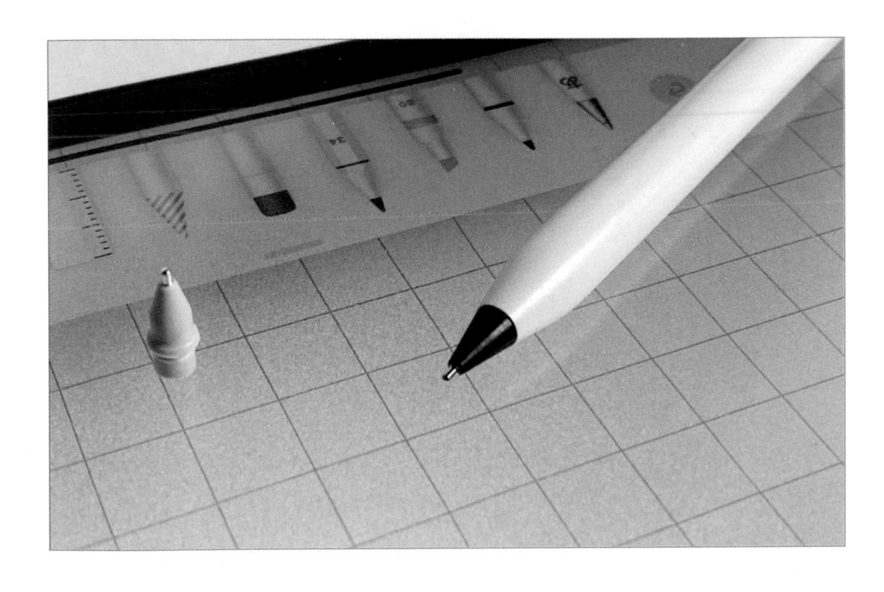

iPad 支架與鍵盤

以下推薦兩款 iPad 專用的支架，對於想要在家長時間使用 iPad，或是在旅途中也想長時間使用的人，推薦搭配堅固的支架。

BoYata 筆記型電腦立架

這款支架適合想要在桌上恆意工作的人。金屬製支架相當堅固且具有重量，支架角度也不會輕易移動。即使是遊戲過程中的激烈操作，或是施加筆壓時也不會晃動，穩定性佳。推薦給想要依自己喜好調整角度和高度的人。

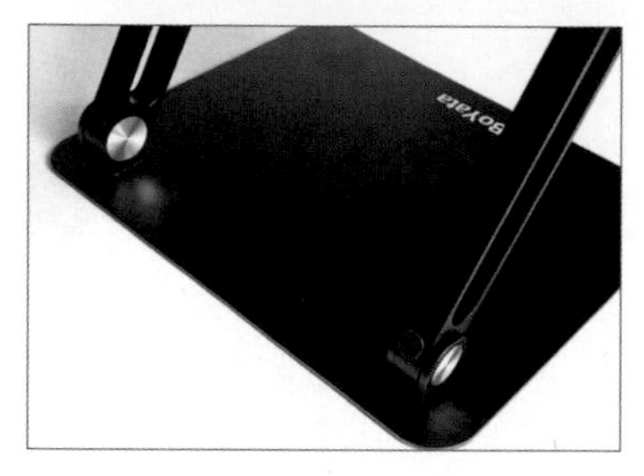

品名：Boyata Laptop Stand
定價：5,299 円（含稅）
製造廠商：BoYata
推薦度：★★★★

Apple 巧控鍵盤，適用於 12.9 吋 iPad Pro（第 6 代）專用 – 中文（注音）– 黑色

這是 Apple 原廠的配件，附鍵盤的保護殼，會以磁力吸附在 iPad 上，可輕鬆裝卸。缺點是立起來的畫面角度太直，有時候會希望「畫面能夠再斜一點」。儘管如此，由於攜帶方便，這絕對是一款值得擁有的經典產品。

品名：巧控鍵盤，適用於 iPad Pro 12.9 吋 (第 6 代) - 中文 (注音) - 黑色
定價：11,690 元 (台灣售價)
製造廠商：Apple
推薦度：★★★★★

Procreate 專用快捷鍵盤

AOIKTYE 第二代 Procreate 專用鍵盤

這是一款可透過藍芽和 iPad 連線使用的 Procreate 快捷鍵盤。Procreate 目前尚未提供自訂快捷鍵盤的功能，如果想用快速鍵提升工作效率，只能用支援的鍵盤。這款鍵盤不只能叫出基本工具，如果進一步搭配按鍵組合，還可以執行更多操作，例如以 1% 漸次調整筆刷尺寸，或是執行拷貝＆貼上的操作等。

• 基本按鍵的主要設定

操作
全螢幕顯示
顯示圖層面板
變更筆刷尺寸
變更筆刷透明度
顯示顏色面版
撤銷、重做
切換成選取工具
切換成擦除工具
切換成繪畫工具
顯示色相、飽和度、亮度
顯示色彩平衡
取色滴管

品名：Aoiktye ™ The second generation Procreate keyboard
定價：5,200 円（含稅）
製造廠商：AOIKTYE
推薦度：★★★★

※編註：以上定價為2023年11月的產品定價，日本販售商品以日本亞馬遜網站定價為準，台灣有售的商品會標示台灣售價。

● 作者簡介

Necojita（ねこじた）功能解說（第 1～9 章、第 11 章）

插畫家。經營專為創作者提供iPad訊息的部落格「iPad Creator」，經常在部落格發表 Procreate 更新資訊或新功能解說等教學文章。有在日本的創作者網路商店「BOOTH」販售自己撰寫的Procreate教學書，下載次數已經突破3萬次。對各種畫風都很熟練，從大眾流行的人物插畫到寫實素描等都有相關創作。

Twitter（https://twitter.com/necojita）
網站（http://necojita.com/）

鷹氏シミ（たかうじしみ）封面插畫 & 製作示範（第 10 章）

插畫家（別名：タカ氏）／YouTuber。從事各類型插畫工作，包括人物設計、書籍封面、書籍插圖、MV插畫等。有經營自己的YouTube頻道「taka-ciao」，經常使用自己建模的 Live2D 模型，發表插畫的製作花絮以及解說影片，播放次數已超過 650 萬次，活躍於各種創作領域。擅長使用厚塗技法製作令人目眩神迷的華麗風插畫。

Twitter（https://twitter.com/c_hkt）
YouTube（https://www.youtube.com/c/takaciao）

向職業繪師學
Procreate
從基礎到進階的 iPad 電繪插畫課

向職業繪師學

Procreate

從基礎到進階的 iPad 電繪插畫課